U0670096

职场必修课

选择一种工作就是选择了一种生活

■ 黄志坚/编著

民主与建设出版社

图书在版编目（CIP）数据

职场必修课 / 黄志坚编著 . —北京：民主与建设
出版社，2017.8

ISBN 978-7-5139-1617-2

Ⅰ.①职…　Ⅱ.①黄…　Ⅲ.①成功心理—通俗读物
Ⅳ.①B848.4

中国版本图书馆 CIP 数据核字（2017）第 144305 号

© 民主与建设出版社，2017

职场必修课
ZHICHANG BIXIUKE

出 版 人	许久文	
编 著	黄志坚	
责任编辑	王 颂	
出版发行	民主与建设出版社有限责任公司	
电 话	（010）59417747　59419778	
社 址	北京市海淀区西三环中路 10 号望海楼 E 座 7 层	
邮 编	100142	
印 刷	三河市天润建兴印务有限公司	
版 次	2017 年 10 月第 1 版　2017 年 10 月第 1 次印刷	
开 本	710 mm×1000 mm　1/16	
印 张	15	
字 数	208 千字	
书 号	ISBN 978-7-5139-1617-2	
定 价	36.80 元	

注：如有印、装质量问题，请与出版社联系。

千万别在芦苇上做窝

一种叫鹪鹩的鸟，喜欢选择在芦苇上做窝。它们把毛发连结起来，将窝编造得坚固完美。它们以为这样就固若金汤了，可以传给子孙后代了，可是谁知道，当一天晚上大风吹来，芦苇折断了，鸟窝掉了下来，摔破了鸟蛋，摔死了小鸟。多年的辛苦经营，一夜之间毁于一旦。显而易见，悲剧的发生并非鸟窝编织得不好，而是鸟巢建造的地方不对。

位子（环境）决定价值，工作亦是如此。工作不仅是我们安身立命的根本，而且是实现人生梦想的平台。那么，你把梦想的巢建筑在哪里呢？如果像鹪鹩一样，把实现远大抱负的工作平台建筑在风口浪尖的芦苇上，风雨来袭，结果可想而知。工作的错位是可怕的，如果你选择了并不适合自己的工作，缺乏兴趣和热情是必然的，结果也可能是碌碌无为。可是，现实生活中，找错工作的人却比比皆是。

有人对100位退休老人进行了问卷调查，其中，有一道题是这样问的："回顾你的一生，你最大的遗憾是什么？"他们的答案大大出乎我们的预料：竟然有很大一部分人觉得，一生中最大的遗憾是选错了职业！这些风烛残年的老人，在回顾自己的人生时，没有抱怨自己挣钱太少，也没有抱怨婚姻和家庭的不幸，但对自己职业的选择却始终耿耿于怀。这是一张令人惊讶的人生答卷。

据统计，在选错职业的人当中，有80%以上的人在事业上是失败者。许多人之所以勤奋工作仍不能成功，就是因为选错了职业，走的是一条南辕北辙的路，他们越是在这条路上努力，成功离他们也就越遥远。再怎样勤勤恳恳、百折不挠，平庸却像挥之不去的梦魇，依然伴随其左右，他们的脚步仍然无法踏向成功的大道。

职业错位是如此的可怕，那么又是什么原因造成这些难以弥补的遗憾呢？造成职业错位的主观和客观原因有很多，主要有以下 5 点：

1. 经受不了外界的干扰和诱惑；

2. 不清楚自己到底适合做什么工作；

3. 自以为无所不能，因此什么工作都想做；

4. 明知道错了，却缺乏改变的勇气；

5. 缺乏系统的职业规划，不知道该如何找到适合自己的好工作；

正是出于以上种种原因，只有不到 20% 的人在真正"适合"的职位上工作，而有 80% 的人与职位的契合度只达到了基本合格水平，或者根本就不匹配，他们始终徘徊在"最理想的工作"之外。这就好像一个职场的 80/20 定理，"20%"的职场圈，成为职业成功者和财富拥有者，而"80%"的职场圈郁郁寡欢，英雄无用武之地。

畅销小说《狼图腾》对于狼的猎守之道，有过这样的描述：狼对于它要猎杀的动物，可用"准、凶、狠"来形容，无论是踩点、打围、进攻，都像是深知人类的《孙子兵法》一样，步步为营，步步到位。现实生活中，我们也应该像狼一样去狩守职场，找到那份最理想的工作，找准最适合自己发展的方向，从而嫁接自己的成功。

《进入职场的 8 堂必修课》通过职业发展的 8 堂课告诉你，如何发现自己人生中那份"对"的工作、如何通过自己的努力拥有它，以及如何借助工作实现一番大的作为。它是职场人士择业、跳槽、发展的成功指南，是你行走职场步步为营的制胜法则。

目录

富兰克林说过："宝贝放错了，就是垃圾！"换而言之，所谓天才，就是放对地方的人才；反过来，你眼中的蠢材，很可能也只是放错地方的人才。天底下没有傻瓜，只有放错位置的人。而工作是每个人施展才华和实现人生梦想的平台，如果工作错位了，纵使是天才也会无用武之地。

第2课 选择　　　　　　　　　　　　　　　　　>>> 019

管理大师有云：选择正确的事和正确地做事。这话同样适合于职业选择，选择对的工作，比努力重要万倍。试想一下，如果南辕北辙，再怎么努力也只是徒劳，白白地耗费宝贵的时间和生命，而离成功的目的地却越来越远。

第3课　规划 　　　　　　　　　　　　　　　>>> 043

智慧的选择比天生的才能更重要，合理的规划比盲目努力更重要。
而太多的人草率地决定了自己的事业方向，他们宁愿把时间花在旅
行计划上，也不愿意去规划一下自己的职业人生。有的人在职业上
摇摆不定，使得单位不敢委以重任；还有的人经常换工作，使得朋
友们不敢积极相助。定位不准，就好像游移的目标，让人看不清真
实的面目。因此，职业定位一定要准。

第4课　调整 >>> 063

在这个竞争激烈的"丛林社会"，安于现状意味着你必然将会遭遇职场和人生的危机，最终会被这个社会无情地淘汰！茧化成蝶需要痛苦的蜕变，获得成功也需要必要的磨炼。因此，只有迅速地逃离舒适区，及时地做出改变、调整自己，才能在社会中求得生存，获得个人的成功和发展。

第 5 课 行动

好工作何来?对于如何获得好工作,行动之前难免都会顾虑重重,但是方法总比问题多,而最好的办法无疑是赶快付诸行动。

第 6 课　适应　　　　　　　　　　>>> 121

一滴水的最好去处是哪里呢？那就是大海。是的，孑然独处的一滴水固然显得独立不羁，却难以指望它富有长久的生命力，正如一个特立独行的人，虽不乏桀骜不驯的嶙嶙风骨，却也难为世人所接纳，不免陷入郁郁寡欢的凄凉境地。职场如战场，充满了看不见的硝烟，因此，光有才华是无法取得成功的，还要有融入团队的适应能力。

第7课 提升 >>> 163

不知你们是否留意，虽然成功者与平凡者在外在的形象上没有多少的差别，但是稍有眼光的人，一下就能分辨出他们的真正身份。这是什么原因呢？答案就是，成功者通过自己的言行举止表现出一种吸引人的气质，这种气质就像黑暗中的夜明珠一样闪烁着光芒，而平凡者却是截然相反。这种成功的气质，就是一个人的影响力，这种影响力就像磁铁一样，会吸引和影响别人。每个人只有不断地增强自己的影响力，才能不断得到能力的提升和老板的重用。

第8课 锁定

长江因锁定向东而波澜壮阔；青松因锁定向上而伟岸挺拔；珠峰因锁定卓越而傲视群山；流星因锁定精彩而亮彻长空；圣贤因锁定目标而成功卓越。每个人都应该如此，既然方向选对了，就应该规避外界的干扰与诱惑，像凸透镜一样，将自己所有的资源聚焦到一点，用全部的热情和不懈的坚持坚守它——这样才能成就一番大业。

第 1 课

错 位

富兰克林说过："宝贝放错了，就是垃圾！"换而言之，所谓天才，就是放对地方的人才；反过来，你眼中的蠢材，很可能也只是放错地方的人才。天底下没有傻瓜，只有放错位置的人。而工作是每个人施展才华和实现人生梦想的平台，如果工作错位了，纵使是天才也会无用武之地。

搭错职业这趟车的烦恼

我们每个人，在面临众多职业选择的时候，难免会做出错误的选择——像搭错了车一样，入错了行，陷入迷惘的境地。

高不成低不就，最容易错位

有很多的人，具备优秀的潜质，但是，工作几年下来，却往往一事无成，对前途更是一片茫然。究其原因是因为在最初选择工作时，处在"高不成，低不就"的尴尬境地，最后一念之间做出了错误的选择，导致自己与最理想的工作擦肩而过。

蒋秋芳的境况便是最真实的写照。大学毕业后，聪明漂亮的蒋秋芳决心在上海扎根并做出一番事业来。她的专业是服装设计，本来毕业时是和一家著名的服装企业签了工作意向的，但由于那家企业在外地，她经过考虑后决定放弃。

在上海找了几家做服装的公司，但都不甚满意。大公司不愿意要没有经验的学生，小公司的条件蒋秋芳又看不上，无奈她只有转行，到一家贸易公司做市场。一段时间以后，由于业绩迟迟得不到提高，蒋秋芳感到身心疲惫，对工作产生了厌倦情绪。心气很高的她感到还是自己单干更好，于是联系了几个同学一起做服装生意。本以为自己科班出身，做服装生意有优势，可是服装销售和服装设计毕竟不是一回事，不到半年，生意亏本不说，同学间也因为利益纠纷闹得不欢而散。

无奈，蒋秋芳只好再找地方打工，挣钱还债。现实的残酷使蒋秋芳陷入很尴尬的境地，这是她当初无论如何也没有想到的。

像蒋秋芳这样聪明又漂亮的女大学生，为何工作几年下来，却落得这样的田地呢？一言可概之：聪明反被聪明误。造成其错位的主要原因有三：一是过于看重环境，为了留守上海，不明智地放弃适合自己的好工作；二是对小公司有偏见；三是背离了自己最喜欢和擅长的行业，这也是最重要的一条。

蒋秋芳这种情况代表了很多就职者的心态，他们在较好的高校中获得文凭，在就业中难免会出现"高不成，低不就"的尴尬。明智的做法，应该是广拓出路，放低姿态，先求生存，再谈发展。

所谓英雄不问出处，仔细看看那些成功人士，有多少人一开始就处于良好的平台呢？况且工作平台的好坏也是相对的：大公司有大公司的正规，小公司有小公司的灵活；大城市有大城市的繁华，小城市有小城市的宁静。条条道路通罗马，你又何必独走繁花锦簇的大道呢？你如果真是金子，何愁没有发光的机会？所以，关键在于你是否在适合你的平台上。

盲目追求热门行业，也易错位

择业颇有些像寻找意中人，心仪的对象再多，你也只能选择一个，正所谓弱水三千，只取一瓢。如此重要的选择，可很多人并不谨慎对待，也许是乱花迷人眼，人们往往不根据自身的实际情况，而选择那些看起来最美丽、最有面子、最时髦的工作。据有关调查显示，几乎80%的人选择自己的行业和职位时，都参照了"行业热门指数"之类的职场报告和社会潮流走向，偏向选择眼下高收入的行业和职位，这就是导致职业错位的重要根源所在。

在这个世界上，之所以有那么多有才华的穷人，就在于他们盲目地选择热门、体面的工作时，造成了职业的错位，结果是，纵使自己有满腹才华，也无处可施，陷入失意的泥潭不能自拔。

房地产行业一直是个热门行业，一波三折，从未平息过。黎江涛当初读大学时选择的就是房地产专业，但当他大学毕业时，房地产行业一落千丈，成为一个十足的低薪行业。于是黎江涛进入当年最热门的 IT 行业，做了程序员。

在这一行，他明显没有计算机专业出身的同事们有优势，干得寂寞难熬。一年后正逢房地产行业再度兴起，他毅然跳入了房屋租赁业，做了租房中介。借着当初的大好形势，他的薪水也水涨船高。但他发现这几年除了拿几个月高薪外，没有在职业上积累任何优势。终于有一天，公司宣布缩小规模，黎江涛的名字赫然出现在裁员名单上。

从黎江涛的职业经历来看，他是一个热门、高薪行业的逐浪者，这是极度危险的身份。不明白自己的职业定位，不知道自己具体适合做哪行，使得他一直处在得过且过的状态中。因此，他首先要做的，是应该明确自己是否喜欢房地产这个行业，然后，果敢抛弃过去错误的"赶潮流"念头，重新认识自己，找到和个性吻合的工作，给自己重新定位。要不然，一味追随热门工作、贪图一时的高薪，必将给自己的职业生涯留下遗憾。

解读职业错位的根源

对于职业选择和人生规划而言，有句话大家听得太多了，那就是"男怕入错行，女怕嫁错郎"。道理再简单不过，一个男人一生最可怕的事，莫过于选错职业；而一个女人一生最可怕的事，当然莫过于嫁错了人。这话对于现代人而言，有失偏颇——在这样一个讲究女性经济独立、男女平等的社会，选择行业，男女同等重要。其实上天是公平的，不管你是天资平平的凡人，还是百里挑一的佼佼者，如果选错了行业，同样会让你壮志难酬。

然而，世界上绝大部分人正在从事着与自己性格格格不入的工作。尽管他们勤勤恳恳、任劳任怨，尽管他们不畏艰险、百折不挠，但是，平庸就像挥之不去的梦魇一样，依然伴随其左右，他们的脚步仍然无法踏向成功的大道。为什么会出现这样的情况？因为他们走的是一条南辕北辙的路，他们越是在这条路上努力，成功离他们也就越遥远。他们背离了自己的天性，背离了自己的使命和归宿。

以上几个案例并非特例，而是反映了很普遍的职业错位的现象，它们代表着当下几种职业错位的不同情况，但总体上都体现了大部分人对于职业选择的盲目性、冲动性。用《谁动了我的奶酪》里的话来总结就是：不慎重选择自己从事的行业，对于拥有你自己的奶酪来说，是极其危险的，它将使你远离你的奶酪，与奶酪无缘，因为——天才也怕入错行。

课堂总结

无法听从自己内心的召唤，而是随波逐流，这是搭错职业这趟车的根源所在。道理其实很简单，热门也好，高薪也好，体面也好，如果这份工作与你想要达到的目的地南辕北辙，那只会使你与成功渐行渐远。

英雄为何无用武之地

有机构针对上千人做过很专业的调查，结果显示，1000人中有过怀才不遇之感的竟然达到近八成，这说明怀才不遇在职场中是很普遍的现象。如果每个人所说的都是事实的话，那么就是说，大部分人都是"英雄"，只是人为的错位埋没了其才华，让他们壮志难酬！事实果真如此吗？答案却与之大相径庭。

对落寞的英雄，自古有同情之心

英雄感喟无用武之地，自古有之，"士不遇"的千古哀怨也一直鸣唱至今。楚汉相争，项羽陷入四面楚歌之境，自刎于乌江。一曲《霸王别姬》，唱尽英雄泪，让人思绪难平。每每看到"霸王别姬"这一段，不知道什么原因，对于项羽的喜爱远远超过那个从无赖发家的刘邦。但回到现实仔细想来，我们又不得不承认这样的事实：刘邦是真英雄，而项羽最多算一个草莽英雄，他的刚愎自用害了他自己。我们之所以偏爱项羽，仅仅只是同情心在作祟。

对于那些壮志未酬的英雄，我们总是被他们的悲壮所感动，对他们的际遇充满了同情。然而，纵观中外古今历史，嗟叹英雄无用武之地者从来就不乏其人。不论是"举世混沌我独醒"的屈原，还是"千里马常有，而伯乐不常有"的韩愈，我们都能明显地体会到他们那种怀才不遇的痛苦心情。

怀才不遇是如何造成的

时下，抱有怀才不遇之感的人士比比皆是。他们自喻为被埋没的珍宝，因为平台的错位让别人看不到他们的闪光点，强烈的错位感让他们处在尴尬的境地，进退两难。然而，根据研究发现，怀才不遇主要由以下几个方面造成：

● 职业错位和管理者安置岗位不当

因为找错工作而造成的负面影响，前面的例子已经有过足够的证明了，那种郁郁不得志的心情就是典型的怀才不遇。

此外，管理者不懂得知人善任，也会导致员工感到怀才不遇。譬如说一个人性格内向，喜欢和文字打交道，适合做编辑的人员，却把他安排去跑业务，而让口才好、交际能力强的业务员去坐办公室，做一般的文员这种情况在职场中并不少见。

● 急功近利的心态

有些人有急功近利的心态，一开始对自己的期望就过高，这种现象在职场新人身上，表现尤其突出。他们刚踏入社会，还没有经历过多少挫折，再加上学历都很高，因此，有好高骛远的心态在所难免。但是，当深入到职场，感觉到现实和想象的反差太大时，自然就会有怀才不遇之感。

● 自身能力不足

不患别人不知己，就患技不如人。自认为才华出众，才高八斗，其实还差得远，碰到实际问题，还真解决不了。许多刚出校门的学生常会碰见这样的问题，总认为领导不重视自己，很想一展身手，然而一旦接受任务就感到手足无措，不知道该如何干，或是凭感觉办事，结果一干就错。可见，自身能力不足是导致怀才不遇最常见的原因。

● 自我推销能力欠缺

在公司里，通常心仪的职位和薪水对于很多人来说，就如同懦弱的男人暗恋已久的情人，想追求她，却又不敢大胆地表白，只能暗自努力，希望终有一天能将她"拥"入怀抱。然而，或许在你费尽周折之后却发现，"她"结婚了，而"她"的新郎却是远不如自己的人。遇到这样的情况时，你的内心是怎样的感受呢？通常，很多人就会发出怀才不遇的感叹。这种情况，在职场中并不少见。那么，为什么那些反而不如自己的人晋升了，你却不能呢？难道只能用"老板肯定是昏了头"来解释吗？

真正的原因，是你缺乏自我推销的能力，没有在适当的时间和地点，适当地表现自己的能力。这一点，古人挺值得我们学习的。姜子牙、诸葛亮难道仅仅是靠学识成功的吗？

传说姜子牙大半生埋没于市井，直到七十来岁才争取到了一个自我表现的机会。他事先得知周文王会经过他经常垂钓的湖边，于是，他把自己打扮成一副仙风道骨的样子，用无钩的鱼竿钓鱼，一下子就吸引了路过的周文王。周文王问他为何钓鱼不用鱼钩，他以一句"愿者上钩"答之。周文王觉得神奇，就更加有兴致与他交流下去。于是，姜子牙就恰到好处地抓住了这个机会，口若悬河，大讲人生道理和治国之道，把他毕生所学淋漓尽致地表现了出来。就这样，周文王被他的才学折服，当即拜他为相。

诸葛亮的自我推销与姜子牙有异曲同工之妙。易中天在《品三国》中提出"三顾茅庐"乃是诸葛亮自我推销设计的一个局，现在想来，诸葛亮的自我包装和推销能力可谓是达到了登峰造极的地步。如果《三国演义》中的"三顾茅庐"符合史实的话，就更能证明诸葛亮是有意为之，从让刘备未见其人，先闻其名，然后到三顾才得见，处处体现出诸葛亮高超的自我推销能力。

怀才不遇根本原因在于自己

如此看来，怀才者有两种：真才与自以为有才；不遇者也有两种：不遇机会和不遇伯乐。

若按"工作就是生意"的现代观点来看，人才也是商品，既然是商品，那么也就逃脱不了畅销、滞销、适销对路等市场准则。而作为你的老板，就可以说是你的顾客，顾客不识货，不认同你，只能说明你这个产品有问题，或者是你的自我推销能力不行，怪不得他人。因此，即使存在着很多的外在因素，但怀才不遇的根本问题还是在于自己。

这个时代变化太快了，知识更新和技术更新都非常之快，一个人过去掌握的熟练技能很可能转眼之间就无用武之地了，而自己还浑然不觉。因此作为职场中人，学习是非常必要的，只有不断地学习新知识、掌握新技能。才能永葆自己的才华青春。

课堂总结

工作就是生意，人才也是商品。既然是商品，畅销、滞销、适销是最正常的现象。老板作为你的顾客，挑剔、不识货都是最自然不过的。这只能说明你这个产品有问题，或者是你的自我推销能力不行。因此，与其怀才不遇地蹉跎时光，还不如主动去提升自己，争取把自己"卖"个好价钱。

宝贝放错了地方，就是垃圾

富兰克林认为，垃圾是放错了的宝贝！反过来说，"宝贝放错了地方，就是垃圾"似乎更具有哲理性。人更是如此，尽管你天资平平，如果把你放在适合的位置，你同样有所成就；反之，纵使你是天才，如果放错了岗位，只能造成人才的浪费。

世上无垃圾，更无庸才

这世上没有垃圾，更没有庸才。那么，现实生活中为何又出现那么多的资源浪费呢？答案主要是缺乏眼光。缺乏眼光的人主要有两方面：一是自己，二是管理者。

我们先说说管理者吧。管理者很容易凭感觉行事，他们评价一个人，往往只看他是否适合公司的发展，对公司是否有利，这样做有失偏颇。

那些刚好做着自己喜欢的工作的人，肯定会觉得很适合，于是他们幸运地成了职场中的"强人"。那些被不幸地与自己不喜欢的工作撮合在一起的人，无疑会度日如年，无法发挥才能，沦为职场中的"弱者"。但是，我们的管理者，却没有换个角度想想那些弱者——那些在岗位上平庸甚至糟糕的人。难道他们就没有优点吗？管理者缺乏慧眼，是导致岗位错位和怀才不遇的原因之一。但是，有眼光的人也不乏其人，世界500强的许多企业就有内部跳槽和择业的企业文化，目的就是让员工能够真正做适合自己的工作，从而发挥最大的价值。

有一家工厂的厂长，就决定让厂里吹毛求疵的人当质量监督员，让谨小慎微的人当安全生产监督员，让眼尖嘴利的人当厂纪监督员，让斤斤计较的人当仓库验收员。过了一段时间，因为这几个人的卖力工作，工厂的营运绩效竟然直线上升，生意蒸蒸日上，同行们无不称赞这位厂长眼光独到。

世上根本就没有庸才，只有缺乏发现人才闪光点的人。但这个缺乏眼光的人不仅仅是指管理者，也包括我们自己。

"高者未必贤，下者未必愚。"的确，任何一个人，总是优点和缺点并存。但是，很多人却无法做到客观地认识自己，他们过度地夸张了自己的缺点，认为自己就是低人一等，天生就该是工作中的弱势群体。他们不知道一个人的长处和短处是可以相互转化的，只要找到发挥短处的平台，短处一样可以变成长处。所以说，导致你的平庸，有管理者用人失误的外在原因，但内在原因还是你对自己缺乏正确的认识。

人才放错了位置，就是庸才

错位、"才不逢位"，对于局中人而言，比较难以自省。但是，对于旁观者而言，可能就会觉得像是个笑话。在此，我们以史为镜，来看看那些久远却鲜活的历史人物制造过怎样的笑话。

明朝皇帝明熹宗，是一个令天下人笑掉大牙的"木匠天子"。他酷爱木匠活儿的程度达到了无以复加的地步，皇帝不好好做，却把大部分精力花在木匠活儿上，且还乐此不疲。据说他做成的物品，连能工巧匠也自叹弗如，如果不是历史的限制，他也许能成为一个极其优秀的木匠。

不做皇帝去做木匠，很多人觉得不可理解，可是，他本来就是做木匠的料子，却不幸做了皇帝，最后留下了千古骂名。这既是他的大不幸，也是明朝的大不幸！

历史人物多如繁星，像木匠皇帝这样错位的人也比比皆是。像画家皇帝宋徽宗，一生酷爱丹青，其画画的水平，当时一般的画家也无法望其项背。还有那个写下了千古名词"问君能有几多愁，恰似一江春水向东流"的李煜，其感物伤怀的性格和写作上的造诣完全达到了一个文学家的水准。这两位皇帝，颇有些相似，适合做艺术家，却都做了皇帝，结果，使国家陷入水深火热之中，苟延残喘，最后成了阶下囚。对比两人的相似程度，难怪有人迷信地认为宋徽宗是李煜的转世。

皇帝是国家最高的领导，他的错位，不仅导致自己在岗位上的平庸，而且会连带导致国家的破灭。可见，管理者的错位，造成的危害更不可轻视。我们设想一下，让孔明扛着青龙刀野战千里，让关云长摇着鹅毛扇运筹帷幄，那会导致怎样可怕的后果？

第二次世界大战期间，有一支临时组建的小分队奉命驻守在一个小岛上。小分队的成员是由各行各业的人组建而成：他们当中有大学教师、机械工程师、政府机构的办事员，也有泥瓦匠、小饭馆老板、裁缝铺的学徒，还有消防队员、小提琴手、汽车修理工等等。

一到岛上，他们就马上行动起来。有的用捡来的木条、干草搭起了简陋的帐篷，有的用自制的工具支起了炉灶，还有的忙着施展烹饪手艺，人人都使出自己的拿手戏，在各自擅长的方面尽情地发挥。一顿丰盛的晚餐过后，他们还举办了一场热闹的晚会，大家有说有笑，开心不已。

几天过后，小岛遭到敌人的攻击。在枪林弹雨的战场上，大学教师和小饭馆老板便显得手足无措，失去了用武之地，而消防队员和汽车修理工则临阵不乱，熟练地使用手中的武器，对敌人进行了狠狠的回击。

从这个例子中我们可以看到，大学教师受过高等教育，掌握的知识较多，可以说是比较有才华的人，可是一打起仗来，却不如一个只念过几年书的消防队员．这就是所谓未在其位，能力就无法得以施展。

这支临时招募过来的小分队，其实就是工作中我们的写照。他们的遭遇，同样是我们在工作中可能会碰到的尴尬。那些才华横溢的人，之所以无法发挥自己的优势，是因为主观和客观原因让他们无法找到最适合的位置，无法让他"在其位，谋其职"。

课堂总结

> 宝贝放错了地方就是垃圾，要懂得经营自己的长处，懂得用当其才。正如寓言故事所说，跳水冠军青蛙去参加攀登比赛必然会一败涂地，翱翔高手雄鹰进百灵俱乐部去唱歌，必然会让自己黯然失色。

谁为职业的错位买单

每个初涉社会，踏入工作岗位的人，或多或少都曾接受过亲人、朋友、老师的建议与劝告。甚至在工作几年之后跳槽时，朋友、同事都给过不少的建议，可能很多的人，就因为这些建议而选择了现在并不适合自己的工作。那么，谁为你错位的工作负责呢？这就要从影响我们择业的相关人士和机构说起。

父母：越俎代庖，强行体现家长意志

说到职业的错位，追根溯源，还得从大学，甚至是高中选择学校和专业说起。很多的父母，常常把儿女当作自己梦想的代言人，于是，对儿女的一切越俎代庖，选择什么学校、专业，平时培养什么爱好，甚至是看什么书，交什么样的朋友都要干涉。这一点从每年的高考中就能看出端倪，虽然高考目前没有以前那么热，但是，父母对此的重视程度仍然不容小觑。

这一点，但凡有过高考经历的人，都有切身的体会！高考时，父母们站在学校栅栏外，翘首以待，惴惴不安，那份紧张的心情如同是自己在考试一般。

可怜天下父母心，正因为以爱的名义过分地关爱子女，往往让人看不到它的危害，也让做子女的我们没有反抗的理由和勇气。

曾记得非典时期，有位记者在访问一位战斗在一线的女医生时问道："您希望您的儿子将来的生活是什么样子的？像您一样这么有出息吗？"女医生的回答，让我至今记忆犹新："做他喜欢的工作，与他所爱的人一起生活！"

这是一位多么开明而睿智的母亲啊！但是我们很多父母却并没有这么开明，从大学选择什么专业，是否要考研，到毕业后选择什么工作，父母们完全按照自己的意志全部越俎代庖，以"让孩子将来有出息"的名义，让孩子去做他们并不十分情愿做的工作。

学校：专业设置不合理和老师的影响

对于大学毕业生来说，现在流行这样的说法——毕业等于失业。这话虽有些调侃的成分，却也道出了现在大学生就业的基本现状。当然，导致大学毕业生就业难的原因很多，譬如前面讲到的父母越俎代庖，各大院校的扩招，庞大失业人员的竞争等等，但是另一个原因不得不引起重视，那就是学校专业设置的不合理。

越来越多的学生进入大学后感觉对专业百般不适，要么一混四年，要么难以忍受而放弃学业，或者毕业之后迫于就业压力立马改行，挂在嘴边的一句话就是"这个专业白学了"。调查显示，61.2%的毕业生专业与工作不对口，也就是说，有61.2%的大学毕业生在毕业后选择了改行。

现就职于广州一家直销公司的李伟受其父亲影响，自幼喜欢绘画。1999年，他报考了天津大学建筑系，却最终不幸被调配至生物专业——他最讨厌的一门学科。他毕业后没有从事与生物有关的工作，也未能回归自己的艺术理想，而是进入了直销行业，因为听人说"直销有前（钱）途"。

李伟的无奈人生并非是只属于他个人的辛酸故事，他代表的是当代大学生因为职业规划缺位，在面对社会选择和自我选择时的无助和迷茫。所以，对于这一点，有关人士指出，在大学生"错位就业"一遍又一遍地上演的时候，学校对此负有不可推卸的责任。把对大学生的职业规划指导提高到应有的地位，不仅可能改变大学生今后的人生，而且也是高等教育人性化的体现。而现实情况却是令人尴尬的，目前国内各高校的职业规划指导几近空白。

有资料显示，当初填写高考志愿时，42% 的人根据自己的意愿选择专业，26% 的人听从父母决定，其余 32% 的人则是根据老师意见或是服从调剂分配。"如果有机会从头再来，你会如何选择"项中，52% 的人选择另择专业。专业选择正确与否，会形成就业后的多米诺骨牌效应，它是一环套一环的，一步错，步步错。可见选择合适的专业是多么的重要，而这一点却常常被忽视。

自己：为职业错位买单

其实造成一个人职业错位的外在原因，还远不止以上这些。譬如说，你的上司、同事、朋友都可能会造成你职业的错位。生活中有太多的理由，太多的借口，阻拦我们前进的脚步。我们该怪谁，怪我们生不逢时，可是在同一个年代有多少人成功？别人能做到，你为什么不能？怪我们没有背景，出生在一个贫穷的家庭，可又有几个成功人士一开始就有很多钱？……职业错位有太多的现实问题，譬如说为了生存，为了高工资，为了体面，但归根究底，这一切都源于我们自己的判断与抉择。不管别人如何来干扰你，最终对自己负责的只有自己。因此说，真正造成职业错位的，并不是时间的残酷，也不是现实的无奈，更不是那些干扰你的亲人、朋友、同事，而是你自己，答案就是人性的弱点。

● 第一大窃贼：盲从

盲从，是造成职业错位的第一大因素。当我们试图选择自己的梦想时，另一个声音就会响起：

"你看人家老刘，在银行上班，天天数票子，有地位！"

"你看人家小李搞IT，工作环境好，赚钱还不少！"

"你看看人家搞房地产的，钱来得快，开小车，住洋房，多气派！"

……

你本来是想当一名设计师，从事与艺术相关的工作，但是盲从心理左右你选择"向钱看"。就这样，你的梦想被偷走了。

所以说，一个人如果随波逐流，跟在别人后面人云亦云，像浮萍一样，完全失去了自我，他如何能坚守自己的梦想？

● 第二大窃贼：自卑

自卑的人往往把自己理想的工作当作一个永远不可能实现的梦，他不敢相信自己有能力去实现梦想。当梦想靠近时，自卑的心理就在跟他作对：

"就你也敢当画家？有人不是说你要是能当画家，那他就能当总统了吗？"

"你也想当歌星，就你那破嗓子，纯粹是将自己的快乐建立在别人的痛苦之上！"

……

理想中的工作，就这样轻而易举地被偷走了。可见，自卑的人，是最可能与理想工作无缘的人。

● 第三大窃贼：贪婪

贪婪的人，并不是没有自己的想法，而是想法太多。这种人分为两种，一种是贪多，另一种是贪大。

贪多的人，可能一下子想做这个，一下子又想做那个，凡是体面的工作，他可能都想做，常常陷入难以取舍的痛苦境地。贪大的人，则是哪份工作有"钱途"、体面，就选择哪份工作，因此，他会这山望着那山高，频繁跳槽，任何工作都干不长久。

● 第四大窃贼：懒惰

懒惰的人最大的问题并不一定是真正找错了工作，他们明明从事着最适合自己的工作，却常常抱怨怀才不遇，从而产生职业错位的错觉。

许多有才华的人并非没有梦想，而是没有将自己一切的憧憬、理想与计划迅速地加以执行，懒惰让他们的计划一味地拖延，以致开始的热情冷淡下去，幻想逐渐消失，计划最终破灭。如果说梦想是种子的话，那么，勤奋就是浇灌它的养料。如果缺乏勤奋，梦想就永远是发不了芽的种子，或者说只能开花，却不能结果，最终都是空欢喜一场。

● 第五大窃贼：沮丧

没有激情也是造成职业错位错觉的原因。有权威人士研究表明，沮丧是让人最难以忍受的，沮丧与健康不佳之间有着很大的关联性。沮丧、挫败、失落不仅对健康有危害，同时对工作也有着极大的影响。沮丧的心情让你犹如漏油的车，丧失激情，做事力不从心，没有效率，让你的美好光阴白白地消耗而一事无成。人生唯一赔不起的就是时间，如果不恢复饱满的激情，就是有再适合的平台，也无计可施。

课堂总结　造成职业错位有着太多的现实因素，譬如说为了生存；也有太多外界的干扰，譬如父母、老师、朋友主观的建议。但不管别人如何来干扰你，作判断与抉择的还是你自己，对自己负责的也只有你自己。所以说，真正造成职业错位的人，并不是时间和现实的残酷，而是你自己。

第2课

选　择

管理大师有云：选择正确的事和正确地做事。这话同样适合于职业选择，选择对的工作，比努力重要万倍。试想一下，如果南辕北辙，再怎么努力也只是徒劳，白白地耗费宝贵的时间和生命，而离成功的目的地却越来越远。

方向对了，才有成功的可能

选择让你无处藏身，甚至"不做任何选择"也是一种选择。因此，更重要的不是是否选择，而是如何选择，或者更准确地说，是如何做出正确的选择。成功与失败的区别在于，成功者选择了正确，而失败者选择了错误。因此，我们常常能够看到一些天赋相差无几的人，由于选择了不同的方向，人生却迥然相异。

南辕北辙，永远到不了目的地

人的方向感和目标感应该是与生俱来的，如婴儿一钻出母体就会捏着拳头大哭大闹，就会用嘴去吸吮母亲的乳头。

然而，当我们可以独立思考，自主地选择和确定人生方向时，情况就变得复杂多了。如前面所说，父母、老师、朋友等等外界一些因素的影响，让我们变得别无选择。

可能每个人深知：如果方向错了，任凭你再怎么努力也是竹篮打水一场空。但在做出选择时，几乎没有人会认为自己是错误的——没有人会故意做出一个不利于自己的决定。他们之所以选错，往往是由于他们不懂得如何做出正确的选择。

大家都知道"南辕北辙"的故事。楚国在南方，想去楚国的魏国人却偏偏往北走。路人劝阻他说："方向错了，你的马再快，也到不了楚国呀！"那人依然毫不醒悟地说："不打紧，我的马快，带的路费多着呢！"路人极力劝阻他说："虽说你路费多，可是你走的不是那个方向，你路费多也只能白花呀！"那个一心只想着要到楚国去的人有些不耐烦地说："这有什么难的，我的车夫赶车的本领高着呢！"

南辕北辙的魏国人，在我们看来，似乎就是一个大白痴。但是在我们的现实生活中，这样的人却比比皆是。他们有着魏国人一样有利的条件：年轻、聪明、有干劲，有着坚持不懈的决心和毅力，但是他们却很少反思自己选择的方向是否有错。

可见，无论做什么事，都要首先看准方向，才能充分发挥自己的有利条件。如果方向错了，再有利的条件也只会起到相反的作用。

成功的捷径就是做正确的事

成功有没有捷径？有！否则，就不会有人在恶劣的环境中，仅仅依靠自己的努力，就能创造一般人几辈子都无法企及的财富和荣誉。然而，与一般人理解不同的是，捷径绝不是一条可以偷懒的道路，恰恰相反，走捷径而迅速成功的人，远远比绝大多数普通人都勤奋得多。

所谓捷径，乃是向着正确的方向，用正确的方法去加倍地努力，直至成功。而且，每个人的捷径都不相同，"照猫画虎"的结果却往往大相径庭。

如何才能找到属于你自己的捷径呢？管理大师彼得·德鲁克曾指出：任何人要成功，首先要做正确的事，然后才存在正确地做事。向正确的方向走路，必定要远比仅仅正确地走路更容易到达目的地。因此，我们在决定做一件事情之前，首先要确定将要做的是正确的事，然后才是正确地完成它。而所谓正确的事和方向，必须要靠我们的头脑去权衡，从而做出一个合理的判断，而且这个判断过程应该是谨慎而系统的。

换句话说，寻找捷径最为重要的前提和条件就是选对正确的前进道路，这是一个非常简单的道理，然而，人们在利益和机会的种种诱惑面前，却往往最容易迷失自己的方向。譬如，很多人在职业选择上常常不知所措，他们宁愿为一件衣服挑三拣四，却不肯花点时间认真考虑自己职业的发展方向，这样就导致他们在职业选择中犯下方向性的错误——入错了行。

工作中一时的失败和挫折不足为惧，但是如果一个人所选择的行业是自己根本不喜欢的，甚至深深讨厌的，那么确实可怕，这意味着他在这一行中将永无出头之日，而随着年龄的老去，他也将慢慢失去重新选择的可能。

可见，对于职业的选择，做出的决定正确与否，决定着你一生的成败与荣辱，其重要程度，是不言而喻的。

课堂总结

如果一个人所选择的行业，是自己根本不喜欢的，甚至极其讨厌的；结果是相当可怕的。这意味着他在这一行中将永无出头之日，而随着年龄的老去，他也将慢慢失去重新选择的可能。可见，对于职业的选择，做出的决定正确与否，决定着你一生的成败与荣辱。

赢在起点，一开始就不要错

写下这个标题时，思绪一下子被拉到刘翔在雅典奥运会110米跨栏夺冠的那十几秒的比赛中。听解说员说，刘翔的起跑很快，为最后的夺冠创造了有利的条件。在竞技比赛中，这种分秒相争的竞争状态是最明显的，然而人生的赛场又何尝不是如此呢？

励志大师奥里森·马登告诫人们说："切记，世界上有四件事是永远不会回头的——说出口的话、离弦的箭、逝去的光阴和擦身而过的机会。"人生中，时间是最宝贵的资源，稍微的迟缓与懈怠，都会让你差人一步。而差人一步，人生际遇却存在天堂与地狱之别。因此，起点就要赢，一开始就选择正确的工作方法和态度，这样就会少走弯路。

人生唯一赔不起的是时间

我们会发现自己在做有些事情的时候，会不断地学习，不断地犯错误，往往费时费力，却无法达到好的效果。而在做另外一些事情时，却几乎有一种天然的灵性，做起来得心应手，不用费力就能很轻松地完成，这就是你的优势。

人类的优势多达四百多种，然而，这些优势本身的数量并不重要，最重要的是你应该知道自己的优势是什么，之后要做的则是将你的生活、工作和事业发展都建立在你的优势之上，这样才最容易成功。

如果你本来没有某种优势，却一再地坚持不放弃，希望将你的弱势变成优势，这是可悲的，而且代价也是巨大的。这种自我挑战和坚持不懈的精神无疑是值得鼓励的，但是方法不足取。虽然学习和进取无止境，但人的时间和生命有限。世间事物何其多，我们的弱势岂独二三项，短暂的人生，又怎么容许我们耗费太多的精力去做无谓的挣扎？人的一生，其实就是在抢时间，时间一去不复返，唯一赔不起的就是时间。挑战，在生命中是必不可少的，但并不意味着要我们拿鸡蛋去碰石头，我们有铁锤，为什么不试试用铁锤去敲击鸡蛋，去敲击石头，这样既达到了目的，又充分发挥了铁锤的价值.

找准自己的定位

你选择的行业和对自己角色的定位是你事业的起点和方向。方向对了，才有发展前景；方向不对，就像在走一条死胡同，速度越快，碰壁越惨。找准自己的定位是一切成功的基础，位置决定地位，秦国丞相李斯的选择能给我们带来一些启发。

李斯26岁时，还只是楚国上蔡郡看守粮仓的小文书，他的工作就是负责登记仓内粮食的进出。他的位置虽然谈不上重要，但也衣食无忧，日子也就这么一天一天地过着。

改变李斯命运的，说起来其实是一件极其平常的小事。一天他内急进厕所，不料却惊动了厕所内的一只老鼠。这只惊慌失措的老鼠瘦小干瘪，探头缩爪，且毛色灰暗，身上又脏又臭，令人恶心。李斯看着这只老鼠，不由得想起自己管理的粮仓中的老鼠，它们一个个脑满肠肥，皮毛油亮，整日在仓中大快朵颐，逍遥自在。与眼前厕所中的这只老鼠相比，真是天上地下啊！

"人生如鼠啊！不在仓就在厕。"李斯不禁长叹一声，想着自己已经在小小的上蔡粮仓中做了8年的文书，从未出去看过外面的世界，这就好比生活在厕所中的老鼠一样，不知道还有粮仓这样的天堂。他告诉自己，一辈子能否荣华富贵，全看自己找一个什么位置了。

李斯决定换个活法，第二天，他就离开了小城，去投奔一代儒学大师荀况，开始了寻找"粮仓"之路。20年后，他成了秦始皇的丞相……

诚如李斯所言，人生如鼠，不同的定位就会有不同的人生。每个人都拥有充分的自主权，可以选择自己喜欢的，能为自己带来最大收益的位置。如果你需要一份新工作、一辆新汽车或一间新房子，那么你就可以为自己设计达到目标的路线。如果你放弃自己选择的权利，只是被动地承受接踵而来的一切，那么你就无法体会到选择的力量及它所带来的收获。

大多数人将眼光瞄准持续高薪的行业，并会挑选这些行业中的好企业。这一点无可厚非，好的环境毕竟更有利于发展，但是，前提是高薪的行业和企业必须是你所喜欢和擅长的领域。如果违背自己的意志，即使侥幸获得梦想的成功，也难以获得内心的幸福感。

认真认识工作这件事

想象一下，你正站在起跑线上，准备奔向跑道。这个时候的你，虽还未进入赛场，实际上已经是箭在弦上，不得不发。人生中，当我们开始一段新的职业生涯时，也必须做好足够的生理和心理准备。你是否认真想过什么是工作？工作会给你带来些什么？你将选择以怎样的心态、怎样的方法去面对它？

除了睡觉、休息之外，我们大部分时间都是在工作中度过的，工作于我们的重要性毋庸置疑。就像硬币，工作也有正反两面：工作可能要让你承担责任，甚至是屈辱，可也会为你带来益处和快乐；工作可能枯燥、乏味，也可能充满快乐与激情；工作可能让你怀才不遇而郁郁寡欢，也可能让你受到器重，平步青云；工作可能让你身心俱疲，难堪其重，也可能让你如沐春风、得心应手……总之，工作不是一件随便就可以应付的事。

工作对于我们，到底意味着什么？

有位经济学家曾经对一部分人做过职业观调查，其中第一道选择题是：你怎样看待工作与生命信仰？A. 两者是一回事；B. 两者是完全冲突的；C. 两者完全不是一回事；D. 工作是生命信仰的一部分。

结果大部分人选择的是 B 和 C，只有极少数人选择的是 A 和 D。在大多数人看来，生命信仰的实现与工作无关，工作只是为了赚取财富、不得不从事的一种生存方式而已。甚至有的人，内心想从事的是另外的事业，只因条件所限，只能干这个工作。

"赚钱是工作的首要目的吗？""如果你有足够多的钱，你还愿意工作吗？"这两个问题的答案，最能反映一个人的职业观，然而调查的结果却是令人忧心。因为为数不少的人把赚钱作为工作的首要目的，甚至认为赚到了足够的钱，就不需要工作了。这些人根本没有将工作与自己的生命信仰联系起来。

其实，赚钱只是工作次要的目的与意义，工作最重要的是一个人安身立命、确证自己生命价值的方式。我们想想那些拥有一辈子都花不完的财富，却还要不辍工作的人，答案就一目了然。比尔·盖茨的财产净值大约是466亿美元，如果他和他的家人每年用掉1亿美元，那么他们要466年才能用完这些钱——这还没有计算这笔巨款带来的巨大利息。那他为什么还要坚持工作呢？斯蒂芬·斯皮尔伯格的财产净值估计为10亿美元，虽没有比尔·盖茨那么多，不过也足以让他的余生享受优裕的生活了，那他为什么还要不停地拍电影呢？

类似的例子还有很多。这些拥有巨额"薪水"的人们，完全不需要工作，就能享受美好的生活，那他们为什么还要努力工作？难道是贪得无厌，为了更多的钱吗？

答案是否定的。钱从来不是工作的动力，工作的动力是对于所从事的工作的热爱。人生的追求不仅仅只是满足生存的需要，还有更高层次的需求，有更高层次的动力驱使。其中，自我实现的需要层次最高，动力最强。

只有在追求自我实现的时候，人才会激发出持久强大的热情，才能最大限度地发挥自己的潜能，最大程度地服务于社会。这种热情不只是外在的表现，它发自内心，来自你对自己正在做的某件工作的真心喜欢。我们应该牢记，金钱只不过是许多种报酬中的一种，你所追求的是自我提高，所以要保持积极的工作态度。

课堂总结

人生的竞技和比赛无异，当我们站在新一轮职业生涯的起跑线上时，首先要静下来想一想，工作到底意味着什么？如何给自己定位？每个人的能力和精力有限，经受不起太多的折腾，因此，一开始就不要错。

有些工作只是看上去很美

我们对薪水高、环境好且体面的工作趋之若鹜，这种心理是可以理解的，毕竟好的环境更有利于自己的发展，但是，我们也得从现实、从自己的情况出发。如果自己的性格、擅长的方面并不适合所谓的"好工作"，你又何必死吊这棵大树不放呢？事实上，任何的"好工作"，如果不适合自己，都只是看上去很美而已。

大部分人眼中的"好工作"

人们对于所谓的"好工作"有约定俗成的看法，在他们眼中，待遇好、体面、稳定、环境好的工作就是所谓的好工作。在他们的影响下，有些人就难以理智地作出选择，最终趋向于大家公认的"好工作"。

刚毕业的刘文娟在上海找到一份自己喜欢的工作时，满心欢喜。虽然薪水不高，但是公司的体制很好，有很大的发展空间，而且可以帮她解决户口问题。能"过关斩将"拿下这份工作，远在湖南的父母也很高兴。父母嘱咐她拎点礼物去上海的亲戚家走走，感谢他们在大学期间对她的照顾。

刘文娟也很希望用自己的薪水感谢他们，便买了礼物欣然前往。一开始是宾主皆欢，慢慢地便说到了薪水和福利。刘文娟一五一十地据实相告，可她马上就感觉到了亲戚脸上不屑的神态。他说："这样也算可以了，先把户口办好，再找别的。你阿姨的侄女今年也在找工作，她和你一样大，不过是名牌大学毕业，找了个律师事务所的工作，光工资就有 1 万多呢……。最后还不忘对他女儿说："你听到了，要好好读书啊！没有上名牌大学到底是不行，找的工作工资只有人家的一个零头……"

听了他的话，刘文娟只觉得羞愧难当，恨不得找个地缝钻进去。

刘文娟知道亲戚并没有恶意，他一直是个心直口快的热心人。但现在再遇到亲友们询问她的工资情况时，她也学会了说"善意的谎言"，省得被对方的"无心"伤害到自尊。

也不能怪别人的偏见，大部分的人对好工作的看法根深蒂固。他们对好工作的评价通常都用工资的多少和地位的高低来衡量，特别是以财富英雄为偶像的经济时代，人们就会更加用薪水来衡量一个人的能力和工作的好坏。

过分苛求"好工作"的四大误区

时下，人人都说就业难，找一份好工作就更加难上加难了。事实上，过分要求工作环境、工资待遇、工作单位规模等，才是导致他们找不到好工作的主要原因。无论是刚毕业的大学生，还是有过一些职业经历的在职人员，可能一直偏执地希望找到那份心中的"好工作"，但好工作好像故意躲着他们一样，望眼欲穿而不得。究其原因，是因为他们陷入了盲目追求好工作的误区里，主要有以下五个方面：

●误区一：过分讲究工作环境

大部分的人都希望找那种又轻松、又稳定、环境好、挣钱多的工作，能找到坐办公室的工作最关键，最好还是大公司，在市区。有很多人希望工作不要太苦，不愿意下基层，不愿意到公司一线，不愿意做销售，所以，一提到工厂工作，或者做保险工作，他们唯恐避之不及。这些都是苛求工作环境上的误区。

●误区二：工作稳定、待遇高

"请问贵单位的待遇怎么样？"

"有没有奖金、年终分红？"

"能不能解决住房？会不会经常辞退人？"

这是很多人在应聘时会经常提到的问题。提到具体的待遇和福利，这本身是很正常的事情，但是，很多人的要求往往过高，特别是有些应届毕业生，月薪要求一般都在 2500 ～ 4000 元左右。大部分人自恃是大学生或者拥有更高的学历，理应拿几千元的月薪，可是他们根本不考虑他们能为单位创造多大价值。况且时代在变，现在已经不是一个唯学历是从的时代，单位看重的是实际的专业能力。

● 误区三：追求热门职业

热门职业一直是很多人心中理想的"好工作"，待遇好，工作环境好，社会地位高，热门职业都被披上了美丽的外衣。事实上"美丽"的热门职业未必对谁都适合，热门职业因为其"热门"，必然会成为众人争抢的对象，从而其对从业者的要求也会很高，最终能够成功地找到"热门"工作的人也是有限的。

因此，应提醒广大的年轻人，不要盲目地选择热门的专业和工作，除非是自己所爱。当然，如果不幸选择了热门的专业，而又并非自己所擅长的，就要果敢调整，结合当前人才市场短缺情况，打破传统的就业观念，从自身的特点出发，增加自己的含金量，让自己在就业市场上更具有竞争力。

● 误区四：迷恋大型企业

有相当一部分人认为，只有到大型企业去才能充分发挥出聪明才智。他们认为大型企业具备实现人生价值的物质和精神条件，而小企业只有几十或几百号人，资金不雄厚，更谈不上什么发展前途了。基于这种想法，很多人根本不选择小型公司，更不愿选择私人企业。

有人曾询问职业专家，是选择做大池塘的小鱼好呢，还是做小池塘的大鱼好？职业专家的答案是：两者都可以成功。但是他最后强调说，选择做小池塘的大鱼的人，会得到更多历练的机会，会更具开拓精神。

的确如此，大型企业里面人才济济，竞争十分激烈，而一般的小企业，对人才的需求却如饥似渴。事实上，近年来，大企业里的大学生往往"大材小用"，而小企业却多"小材大用"。其实，不管在大企业还是小企业，只要有真才实学，脚踏实地，同样能干出一番事业来。

● 误区五：付出少，回报高

有的人是想付出很少，得到很多，期望工作是"活少钱多离家近，位高权重责任轻"。抱有这种心理的人，明显缺乏对工作的正确认识，还没有做好足够的心理准备，以这种状态进入职业生涯，迟早会被淘汰出局。

社会上真的有少干活，多拿钱的工作吗？当然有，但对绝大多数人来说，是可遇不可求的，"好工作"是脚踏实地做出来的，而不是从天上掉下来的。

什么样的工作，才算好工作

什么是好工作？一千个人就有一千种答案。可见，世界上并没有绝对的好工作，一切都依赖于求职者个人的主观感受和社会评价。

"好工作"经历了很多时代的变迁。从 20 世纪 80 年代的国营单位、政府机关，到 90 年代的外资企业，到现在的自主创业，社会风潮和热点在变，人们心中的标准也在变。不说时代的差异，就说个体对"好工作"的标准也是不一样的。虽然说众口难调，也很难界定什么样的工作才是真正的好工作，但是从许多事业有成者的经验来看，"好工作"还是存有一些共性的。要准确地判断一份工作的好坏，可从以下四个方面入手：

● 要看工作能否满足我们的需求

一方面，要符合职业人的价值观，也就是说，能够做自己想做的工作，并能通过工作实现自身最大的价值。所以，想要稳定收入和发挥技术专长的人，可以去企业做技术专家；想要自由工作时间和发挥技术专长的人，可以自己开工作室；想要把握技术方向和管理团队的人，可以做技术主管；喜欢用自己的技术开拓事业的人，可以找人合伙创业。

另一方面，就是通过工作，职业人可以获得较为满意的薪酬。你想要的东西，代表了你的价值观，是你无论如何不能放弃的，也会是你工作的原动力。只有符合你的价值观，你才能持续积极地工作。

● 要看公司人员是否有素质

判断一份工作的好坏，首先要看从事这份工作的人是否具备完成工作的某些素质：是否有促使事情完成的热情和动力；是否每个人都满怀信心；是否亲切友善、精诚团结、仁爱互助、真诚合作。

● 要看公司的事业是否有前途

除了要有一帮志同道合的同事以外，我们还要看公司所从事的事业是否有前途，以及这份事业是否适合自己。

首先，你得关注公司的业务流程是否通畅，远景规划是否合理，各个环节之间的联系是否紧密，员工的工作行为是否规范，公司提供的产品或服务是否有特色等等。此外，还值得关注的是，公司对目前运作的业务是否有信心。

其次，还要衡量一下这份工作能否发挥我们的能力。好工作能够为个人能力的发挥提供可持续发展的空间，或者能够为个人的发展提供某一个阶段的积累。也就是说，适合的工作应该让从业者看到工作的未来，看到事业发展的前景。

适合自己的就是好工作

"乱花渐欲迷人眼"，当我们周围出现了越来越多的成功人士，成功的途径也越来越多样化时，我们该如何找到心中那份"好工作"呢？

"好工作"不要跟别人比，适合别人的工作并不一定适合你。鞋子合不合脚，只有自己才知道，别人认为再好的鞋子，不适合自己，也是无用的。工作跟婚姻一样，合不合适，自己最知道。

如果因为跟别人比较而感到不愉快，不妨静下心来想想：所有能看到的光鲜，其实只是工作的一部分，更多的辛酸苦辣是不为人知的。再抛开跟别人的比较来想想自己的工作：我做这份工作愉快吗？我能获得想要的东西吗？如果我只是想要按时上下班好照顾家庭，又何必羡慕别人出差加班加薪升职呢？如果我就是喜欢画画，非得让我去做别人认为很光鲜的职业经理人，那又有何快乐可言？

著名漫画家蔡志忠说过这样的话："做人最重要的就是要了解自己，做适合的事。有人适合做总统，有人适合扫地。如果适合扫地的人以做总统为人生目标，那只会一生痛苦不堪，受尽挫折。"而他，不偏不倚，就是适合做一个漫画家。他从小就知道自己能画，所以15岁就开始画画，尽情地画，不停地画，结果，他在漫画界异军突起，尤其"庄子说"、"老子说"系列更译成世界各国文字向国外输出，他也一度是全台湾纳税额最高的一位作家。

蔡志忠的说法也让人想到巴西的世界足球王"黑珍珠"贝利，他曾经说过："我是天生踢球的，就像贝多芬是天生的音乐家一样。"

好工作无处不在

看看今天的职场现状，无论是在职者还是失业者，似乎每个人都被周遭竞争的压力困扰着，每年大批量的毕业生、难以统计的下岗者总是像雨点般洒落在城市的每一个角落。就业大军不断地壮大，让每个人都感到压力重重。而有限的工作机会对众多的求职者来说，却总是僧多粥少，永远稀缺。很多人越来越感到要找到一份好工作，实在希望渺茫。但事实上经过我们前面的分析和判断，完全可以下这么一个令人震惊的结论，那就是：在现实中，好工作无处不在！

还是从我们提供的角度来考察一下，工作机会真的如很多人想象的那样屈指可数吗？实际上，新陈代谢毕竟是自然界和人类社会的普遍规律，新的工作机会总是被不断地创造出来，总是有人晋升、退休、迁徙、生病或者死亡，由此空出了许多的职位。因此，现实中是有大量工作机会存在的。

对于求职者而言，找一份好工作似乎已经成为生命的全部真谛，家人、朋友、同学乃至你认识的每一个人，都正在背后注视着你的一举一动。然而，好工作是一个相对的概念，它没有一个共同的标准，而完全取决于你的期望和理解。如果非要对工作的好坏进行区分的话，那么我们可以把好工作定义成与自己的欲望、技能和潜力相吻合的工作，因此，盲目地寻找不会给求职者带来任何惊喜，而只会让你的思路和抉择在芝麻和西瓜之间不断彷徨，最后可能既丢了西瓜，也不见了芝麻。

课堂总结

人性最可怜的，就是我们总是梦想着天边的一座奇妙的玫瑰园，而不去欣赏今天就开在我们窗口的玫瑰。所谓的好工作，并不是别人身上光鲜而华丽的时尚外衣，而是穿在自己身上舒适而自在的那一件。

别偏离你的最佳才能区

古语说得好："骏马能历险，犁田不如牛。坚车能载重，渡河不如舟。舍长以就短，智者难为谋。生材贵适用，慎勿多苛求。"每个人的性格都有优点和缺点，一味去弥补性格缺点的人，只能将自己变得平凡；而发挥性格优点的人，却可以使自己出类拔萃。因此，我们在选择职业时，一定不能随波逐流，只有找到并善于利用自己的最佳才能区，才可能获得成功。

什么是最佳才能区

在一次，在清华大学的演讲中，杨振宁教授引用爱因斯坦对自己为什么选择物理而不是数学的故事为例，告诉清华的学子们："到底选择什么专业，'要看你对哪一个领域里的美和妙有更高的判断能力和更大的喜爱'。年轻人面对选择时，要对自己的喜好与判断能力有正确的自我估价。"

爱因斯坦所说的"美和妙有更高的判断能力"的领域，就是每个人的最佳才能区。所谓最佳才能区，就是你最感兴趣、最让你着迷、最擅长、做起来最得心应手、最轻松的领域。

所要指出的是，很多时候，人们往往会将兴趣和爱好误解成自己最擅长的。其实这是一种想当然，因为相对于特长而言，每个人的兴趣要广泛得多，而有的人往往对自己的特长难以确定。有的人的特长是潜在的，难以察觉出来。这需要有一个不断挖掘的过程，也就是说每个人都要不断认识自我。

符合你兴趣和优势所在的事情，都属于你的最佳才能区。兴趣和优势，往往是可以相互转化的：做你感兴趣的事情，你会全身心地投入，长时间地以这种专注的精神状态去做事，无疑会将你感兴趣的事培养成你的特长（优势）；同理，做你擅长的事，你会得心应手，这种轻松的状态会培养出你对它的兴趣来。显而易见，一个人对所选择的事既感兴趣，又是自己最擅长的，那么这种状态是最好的，也是最容易成功的。

每个人都有最佳才能区

就像每个人都有自己的缺点一样，每一个人都有自己的最佳才能区。即使那些看起来一无是处的人，甚至残障人，在找到他们的最佳才能区后，顺应自己的才能趋势去努力，最终也能成就一番事业。

2005年春节联欢晚会上演的《千手观音》以其强烈的艺术感，震撼了全国人民的心，那些演员也成了家喻户晓的明星。作为聋哑人，她们之所以能够取得空前的成功，也就在于她们找到并顺应了自己的最佳才能区。

职业选择正确与否，直接关系到人生事业的成功与失败。如何才能选择正确的行业呢？至少应考虑以下几点：性格与行业的匹配、兴趣与行业的匹配、特长与行业的匹配、内外环境与行业的适应度。每一个人都能成功，关键在于培养自己对事物的权衡能力，找到自己的最佳才能区，挖掘最大潜能。

有人曾经问过一位作家："你怎么轻易就成了作家？"

作家回答说："在写作之前，我也进行过多种尝试。但每次尝试，都无一例外感觉胸口沉闷、头脑发胀，我就知道这些职业都不适合我。但写作却不同，写作的时候我思维敏捷、泉思如涌，一篇文章，我轻轻松松就能完成。哎，这就是适合我做的事情啦，我也发现了写作就是自己的最佳才能区。"

发挥最佳才能，人人都能成功

有这样一则故事：某天，一个瞎子和一个跛子在屋里突遇大火，当时四周无人，他们无法得到任何援助。生命危在旦夕，两人决定合力突围，瞎子借助跛子的眼睛，跛子借助瞎子的腿，双双逃离了火海。

跛子和瞎子无疑是生理存在缺陷的人，但是他们同样具有自己的优势。也正因为他们合理利用了彼此的优势，从而顺利地逃离火海，幸存下来。

从小到大，家长们总是告诉孩子，成功来自勤奋。勤奋确实很重要，但是勤奋不是成功的第一要素，试想如果著名童话作家郑渊洁的父亲一定要他去学理科考大学，结果会是怎样呢？

提到郑渊洁，大家都很熟悉，因为他的作品在童话王国独树一帜，深受孩子们喜欢。他创造了童话王国的奇迹，被公认为"童话大王"。

小时候的郑渊洁喜欢独来独往，不爱和小伙伴们玩，也不怎么说话。郑渊洁的父亲在部队的学校当哲学教员，郑渊洁两三岁的时候，父亲常常抱着他看书。总是看着父亲不断地看书、写作，这样的熏陶对郑渊洁影响很大，他渐渐地对写作产生了一种崇拜心理。

在郑渊洁刚刚对书萌发兴趣时，父母便给他买了大量的课外读物，虽然郑渊洁上学时数学成绩比较差，但父母没有要求他在学好数学后才可以看课外读物，也没有规定他考了多少分后才可以看课外书，父母给予他的是一种宽松的家庭环境。

郑渊洁曾说起过自己成年后算数都无法算清楚，只好依赖计算器。他打了个比方："买6毛钱的东西，我给他1块钱，我知道应该找我4毛钱，可是6毛7的东西，我就不知道该找多少。但是，数学好的人发明制造了计算器帮助了我，而我靠自己擅长的能力生活，也过得不错。"

谈起成功秘诀，郑渊洁说："我之所以能有今天的成绩，主要是因为我认识了自己，懂得发挥自己的长处。"

郑渊洁一开始从事小说、诗歌创作，他写的《帽子》获了一等奖，可是他最后放弃了，转攻童话。他认为自己在小说家和诗人中，绝不会是一流的，而构思和写作童话却可以是一流的，写童话对他来说是一件轻松愉快的事情。只有在创作童话的时候，他才找到游刃有余的感觉。郑渊洁构思童话的时候很随意，"下笔千言，出口成章"用在他身上一点不算过分。当灵感来时，他一天最多可写1万多字，而且不打草稿，一气呵成。

一个只有小学四年级文化的人，却创造了童话世界的奇迹。说到他成功的捷径，可以用他自己的话来总结："一句话，我找到了自己的最佳才能区，这是上帝赋予每个人的特殊能力，是任何人代替不了的……"

课堂总结

你能做什么是上天决定的，你不能做什么也是上天决定的。对自己的能力不管是妄自菲薄，还是狂妄自大，都会使你与成功失之交臂。换而言之，做任何事情，根据自己的最佳才能去量力而行，才更容易接近成功。

懂得选择，果敢舍弃

"没有金刚钻，别揽瓷器活"是民间常用语，意思是干什么事得有点自知之明，如果不自量力硬要去干，往往会费力不讨好，得不偿失，但是很多人就是过于贪婪，把自己当作无所不能的超人，什么事情都想干，不懂得选择与放弃的道理，所以，陷入多元选择中难以自拔。结果就像那只掰玉米的猴子，常常是捡了芝麻，丢了西瓜，最后与理想的工作错过，一生碌碌无为。

体育明星为何成"娱乐流星"

由体育明星跨行去做娱乐明星的现象真还不少，当然，这也有专职和兼职之分。自第 27 届奥运会谢幕以来，一些夺得世界冠军的体育明星便大张旗鼓地"触电"娱乐圈，其中，最引人注目的莫过于"跳水王子"田亮。

田亮在第 27 届奥运会上以惊人一跳为中国兵团画上了一个完美句号，他也立即成为娱乐星探的新目标。田亮外形俊朗，似乎天生就应该加入娱乐圈。而且，据说当初田亮与香港英皇公司基本谈妥，他将有机会出演英皇公司的电影。

听到相关消息的前体操冠军李宁却以自身的经历告诫那些想进军娱乐圈的体育明星："体育明星转型娱乐明星，鲜有成功者，谨慎为好。"很少有人知道，内地进军娱乐圈最著名的体育明星就是"体操王子"李宁了。李宁以当年如日中天的人气主演处女作《七金刚》，结果竟遭票房惨败。对娱乐圈浅尝辄止后，李宁投身商界，就这样，昔日的体操王子成了娱乐圈一颗流星，却成为商业圈一颗新星。

其实，像李宁一样夺得世界冠军功成名就后，想朝娱乐圈转行的体育明星还真不少，只不过都如流星一样划过，没有给人们留下什么特别的痕迹。

悉尼奥运女子平衡木冠军刘璇退役后，先是与徐静蕾、陈晓东合拍了电影《我的美丽乡愁》，之后又接拍了电视剧《我和我的父亲》，但都反响平平。

素有"东方神鹿"之称的世界冠军王军霞带着处女作《夺子》到英国参加中国电影展引起了极大的轰动，王军霞淳朴的表演赢得了外国观众不绝的掌声。但那种轰动仅仅是因为她是世界冠军，而并非电影本身。

李小双退役后，凭着一副好嗓子，大张旗鼓地进军歌坛。然而，人们对他的印象永远是个"音乐外行人"。

盲目投向娱乐圈有如此多的弊端，因此，除了李宁的告诫之外，前奥运冠军刘璇也以"过来人"的身份劝告想入娱乐圈的师弟师妹："我觉得体育界和娱乐圈是完全不同的，并非说你在体育这方面有成绩，也会在娱乐圈有所作为。其实娱乐圈是很难生存的，所以我告诫其他体育同行们，在选择进军娱乐圈前一定要谨慎。"

明星比普通人面对的诱惑可能更大，但是，我们要对自己有个清楚的认识，不要一时头脑发热，投入到一个自己完全不擅长的领域里面去。人的精力是有限的，自己没有能力去做的事，要果断拒绝，这样才有精力全心地做好自己擅长的事。

文化名人的拍卖滑铁卢

西方有一首诗这样写道："动物明白自己的特性——熊不会试着飞翔，驽马在跳过高高的栅栏时会犹豫，狗看到又深又宽的沟渠时会转身离去。"人也是如此，没有人是无所不能的超人。

与体育明星转投娱乐圈遭受冷落相类似的例子比比皆是。曾因著书立说满载而归的赵忠祥等文艺圈名人，万万没有想到自己的书画作品在成都一次公开的拍卖中相继流拍，全军覆没。

这些年，借着"名人效应"，文艺明星们开拓了自己本行之外的第二、第三条战线。演员录制唱片，歌手争上银幕，还有的索性扩展到文艺圈以外的更广阔的领域，以自己的名字或成名作命名什么"晓庆化妆品"、"天琪艺术学校"和"心情不错饺子馆"等等。

后来，在书商的积极运作下，文艺圈名人们又开始了新一轮的"圈地运动"。他们纷纷将"不堪回首的日子"或"不得不说的故事"。印成铅字，然后在签名售书仪式上隆重推出。跟以往一样，"名人效应"再次大显神威，相当部分的名人自传印数和版税都再创新高。但是，成都美术展览馆则不幸成了文艺圈名人们的滑铁卢。张艺谋的书法作品——龙马精神，四个大字起拍800元，因无人应价沦落到500元后仍无人问津。其他如赵忠祥、姜昆、贾平凹等文艺圈名人的字画，同样也由起拍价一降再降，最后导致全部流标。

书画拍卖会不是演唱会和书市，收藏家不是中学生，竞买者是不会由于见到电视上经常露脸的名人出现在眼前，就激动得心潮澎湃，失去理智的。这些看门道而非看热闹的竞买者颇具理智，他们首先考虑的是拍卖品有无珍藏价值和投资潜力。

不适合自己的，就果敢放弃

上天是公平的，它为你打开一扇窗的同时，也为你关了另一扇窗，你不可能面面俱到。

爱因斯坦是世界著名的科学家，以色列国会曾邀请他回国当总统，但被他婉言谢绝："我的性格适合当科学家，搞研究，不适合当总统，搞政治，如果一定要让我当总统，那可就总统当不好，科学研究也搞不出，因为谁也做不到又当总统又搞科研，两边都能干出成绩来。"

伟人与常人的不同之处就在于他们比常人看得远、看得深，绝不随波逐流，绝不为尘世间的一点名利轻易地改变自己，去干对别人来说也许是梦寐以求的但却不适合自己的事。

我们设想一下，如果爱因斯坦真的去当总统，结果会怎样？极有可能是以色列多了一位无足轻重的总统，而人类却少了一位伟大的科学家。伟人尚且都知道他们不是超人，何况我们平常人呢？

课堂总结

房地产大鳄潘石屹说过："如果说我之所以成功，是因为只开发很少的项目，而放弃很多项目，难免很多人会不同意，而这正是我成功的关键。"潘石屹凭借个人感召力，得到项目的机会决不会少，但是他理智地放弃了。因为他知道一个人的精力和能力是有限的，鱼与熊掌不可兼得。可见，对于那些什么工作都想干的人，明智地放弃胜过盲目地执著。

第 3 课

规　划

智慧的选择比天生的才能更重要，合理的规划比盲目努力更重要。而太多的人草率地决定了自己的事业方向，他们宁愿把时间花在旅行计划上，也不愿意去规划一下自己的职业人生。有的人在职业上摇摆不定，使得单位不敢委以重任；还有的人经常换工作，使得朋友们不敢积极相助。定位不准，就好像游移的目标，让人看不清真实的面目。因此，职业定位一定要准。

从纸上谈兵的赵括说起

"纸上谈兵"这个历史事件，我们一直当一个笑话在看待。但是，在我看来，造成赵括成为历史的笑柄的，其责任并非完全在于他自己。他的现象，更让人想起了当代的年轻人，很多年轻人跟赵括一样，心浮气躁，总觉得自己是名牌大学毕业，有着满腹的才华，对自己的期望过高，从而造成了在工作中怀才不遇的情况。追根究底，其实是对自己没有清楚的认识，没有合理的职业规划造成的。

重温"纸上谈兵"的那些事儿

公元前 262 年，秦昭襄王派大将白起进攻韩国，占领了野王，截断了上党郡和韩都的联系，上党形势危急。上党的韩军将领不愿意投降秦国，让使者带着地图把上党献给赵国。

赵孝成王派军队接收了上党。过了两年，秦国又派王龁围攻上党。

赵孝成王听到消息，连忙派老将廉颇率领二十多万大军解救上党。他们才到长平，上党已经被秦军攻占了。

王龁借机向长平发动进攻。廉颇连忙守住阵地，叫兵士们修筑堡垒，深挖壕沟，跟远来的秦军对峙，准备作长期抵抗的打算。

王龁几次三番向赵军挑战，廉颇就是坚守不出。王龁想不出什么法子，只好派人回报秦昭襄王，说："廉颇是个富有经验的老将，不轻易出来交战。我军远至，长期下去，就怕粮草接济不上，怎么办好呢？"

秦昭襄王请范雎出主意。范雎说："要打败赵国，必须先叫赵国把廉颇调回去。"

秦昭襄王说："这哪儿办得到呢？"

范雎说："让我来想办法。"

过了几天，赵孝成王听到左右议论纷纷，说："秦国就是怕让年轻力强的赵括带兵；廉颇不中用，眼看就快投降啦！"

他们所说的赵括，是赵国名将赵奢的儿子。赵括从小爱学兵法，谈起用兵之道来，头头是道，自以为天下无敌，甚至都不把他父亲放在眼里。

赵王听信了左右的议论，立刻把赵括找来，问他能不能打退秦军。赵括说："要是秦国派白起来，我还得考虑对付一下。如今来的是王龁，他不过是廉颇的对手罢了。要是换上我，打败他不在话下。"

赵王听了很高兴，就拜赵括为大将，去接替廉颇。

蔺相如对赵王说："赵括只懂得读其父亲的兵书，不会临阵应变，不能派他做大将。"可是赵王对蔺相如的劝告根本听不进去。

赵括的母亲也向赵王上了一道奏章，请求赵王别派他儿子去。赵王把她召了来，问她理由。赵母说："他父亲临终的时候再三嘱咐我说：'赵括这孩子把用兵打仗看作儿戏，谈起兵法来，眼空四海，目中无人。将来大王不用他还好，如果用他为大将的话，只怕赵军会断送在他手里。'所以我请求大王千万别让他当大将。"

赵王说："我已经决定了，你就别管了。"

公元前 260 年，赵括领兵 20 万到了长平。请廉颇验过兵符，廉颇办了移交，回邯郸去了。

赵括统率着 40 万大军，声势十分浩大。他把廉颇规定的一套制度全部废除，下令说："秦国再来挑战，必须迎头痛击。敌人打败了，就得追下去，非杀他们个片甲不留。"

那边范雎得到赵括替换廉颇的消息，知道自己的反间计成功，就秘密派白起为上将军，去指挥秦军。白起一到长平，布置好埋伏，故意打了几阵败仗。赵括不知是计，拼命追赶。白起把赵军引到预先埋伏好的地区，派出精兵 2.5 万人，切断赵军的后路；另派 5000 骑兵，直冲赵军大营，把 40 万赵军切成两段。赵括这才知道秦军的厉害，只好筑起营垒坚守，等待救兵。秦国又发兵把赵国救兵和运粮的道路切断了。

赵括的军队，内无粮草，外无救兵，守了四十多天，兵士都叫苦连天，无心作战。赵括带兵想冲出重围，结果秦军万箭齐发，当场被射死。赵军听到主将被杀，也纷纷扔了武器投降。40 万赵军，就在纸上谈兵的主帅赵括手里全部覆没了。

赵括的职业定位分析

赵括为什么会失败呢？有其自身的原因，也有领导者赵王用人不当的原因。追根究底，是因为他的职业定位和规划的失败。

首先，我们来看他自身的原因。他的失败，难道是没有文化、不懂兵法或者其他什么原因吗？答案是否定的，历史事实证明，赵括是有文化、有军事才能的，他的军事理论知识，连他的父亲都辩不倒他。那他为什么会失败？这其实就像一个高学历、刚踏入社会的年轻人一样，虽然有着过硬的理论系统，但是，他缺乏实践的应变能力。学历从来就不等同于学力，知识也不代表着真正的能力，只有将知识转化为智慧，才能发挥知识的力量。基于这一点，赵括的职业规划应该有个循序渐进的过程。因此，赵括职业定位的不准确，导致了他职业生涯的失败。

那什么又是职业定位？职业定位就是自我职业发展的定位，即个人进入职场后，根据实际工作经验，所感受到与自己内省的动机、需要、价值观、才干相符的，能满足自我的一种长期稳定的职业定位。

再者，我们再看管理方面的原因。赵括被赵王任命为赵国 40 万大军的军事主将。古时的军队里面有统帅、副帅、大将、副将、先锋、军师等，这就好比公司里面有 CEO 或总经理、高级管理者、副总、总监、部门经理等。赵括当时显然还不具备担任三军统帅的年龄和经验，所以一下子让他担负重任是管理者用人的错误。

赵括的职业生涯规划分析

职业生涯规划的含义是一个人规划未来职业发展的里程，考虑自己的能力、价值、兴趣以及阻力、助力，做好妥善的安排，期望自己能适得其所，而不是一颗摆错位置的棋子。

首先，我们来分析一下赵括的性格特点。带兵之道，在于智、信、仁、勇、严。赵括的智在于理论丰富，但不知变通，说白了，还是缺乏实战经验；赵括当了主帅后，就忙着炫耀自己，奖赏归己所有，谈不上赏罚分明，更不用说为人起码的信用了。"军吏无敢仰视"这句评语，可见，部下对他只有敬畏，没有爱戴，所以赵括又哪里有仁呢？而赵括又是第一次率兵作战，没有军功无以服众，勇也有限，严也一样。因此，作为军事主官，他性格方面还有欠缺，他还需要在战争中磨炼，在战争中成长。

其次，再看赵括的职业生涯必须经历的几个阶段。根据职业生涯规划理论，一个人的职业生涯规划必须经过 16 ～ 25 岁职业初期、25 ～ 35 岁以后的职业发展阶段、35 ～ 45 岁的职业维持阶段、45 岁以后的职业后期、60 岁以后的退休期。

显然赵括被任命为军事主将，违背了职业生涯的几个阶段。现在很多的企业，在用人的时候，一味地考虑人才年轻化，放着三四十岁年富力强、经验丰富的人才不用，而非要用所谓年轻的管理人员，这些企业的董事长不就是昔日的赵王吗？

最后看赵括的职业定位、职业生涯规划与人生目标规划。赵括未必不能成为一代名将，但他的职业生涯需要规划，需要设计，制定一个人生发展计划和阶段性目标。他需要进一步磨炼自己，将自己丰富的理论和战斗的实践相结合，从基层指挥官、参谋、副官、军事教官、方面军主官到副统帅、统帅，一步一步脚踏实地。如果真是这样，赵括还是非常有前途的，或许他能成为超过廉颇的一代名将，而不会是那个被中国几千年来所讥笑的只会纸上谈兵的庸才。

课堂总结　对比一下我们的职业生涯，特别是那些年轻人，和赵括有什么区别？我们年轻，有梦想，有激情，却不肯静下心来，为自己的职业生涯和人生做一下规划。

把职业规划当作一项重要工作

从现在开始，把职业规划当作你最重要的工作，用心好好规划，你的人生不会错过精彩。

把自己当作公司一样进行职业规划

有关计划性的工作，相信大家不会陌生，特别是主管、销售员，或多或少都参与过．但是，鲜有人为自己做一下职业生涯的规划。很多人纷纷反映："制订销售计划是我的工作，我没有时间想自己的问题。"

的确如此，公司聘请我，给我支付报酬，我付出自己的劳动——一宗简单而且合理的交易。但是你可能从来没有想过，你自己其实就是一个公司，你同样需要规划和经营。

著名作家迟子建在小说中写道："我们每个人都是一个股份公司，股东可能是你的父母、爱人、朋友，而自己究竟占多少的股份可能并不是最重要的，最重要的是，你是公司的决策和经营者。"在《你，有限公司》一书中，作者也是主张像公司一样去经营自己的人生。既然是公司，你也就有必要负担起相应的责任，何况你是公司的决策和经营者。

如果我们将自己当成一家公司来经营，在选择一份职业之前，我们所做的职业规划就相当于"公司战略"。因此，生涯规划不是一叠打满字的纸，而是一个可执行的计划，是一件有关个人发展的严肃的事情。对职业生涯规划这份工作一定不要半途而废，应该有足够的耐心；对待自己也要像对待老板一样，敬业和忠诚，不能草率、敷衍了事。

职业规划的设计蓝本

西方有一句谚语："如果你不知道你要到哪儿去，那通常你哪儿也去不了。"你必须先知道自己想要什么，才懂得去追求。畅销书《选对池塘钓大鱼》中的职业规划分为自我发现、设定目标、职业选择、职业发展计划、评估和调整五个步骤来完成，可谓是职业具体规划的一个蓝本，值得我们借鉴。

先说自我发现。自我发现对一些人来说也许是一个愉快的过程，但对于另一些人来说，它也许更是一个痛苦的过程。有时候我们必须将自己的心绪拉回到年少时代，在那个时候他们还没有对自己所怀抱的梦想产生疑惑。

其次就是设定目标。自我发现往往是一种感觉，我们还需要用一些简单的句子将人生目标描述出来，以使目标更明确、更具体。这些目标是你自己确定的，而不是老板、父母、妻子、兄弟姐妹，以及朋友们认为你应该追求的。你也不应该为了与人一争高低，或者因为他人认为你不够成功，而制定自己的目标。

再次就是职业选择。如果你心目中已经确定了一个目标，你就会清楚地知道自己要选择或接受什么样的一份职业。只要你还没有到安享晚年的时候，任何时候开始你的职业规划都为时不晚。

然后是职业发展计划。你需要有一个详细的个人职业发展计划，这个计划可以是一个 5 年的计划，也可以是一个 10 年、20 年的计划。不管是属于何种时间范围的计划，都要把问题的明确答案写上。我要在未来 5 年、10 年或 20 年内实现怎样的一些职业或个人的具体目标？我要选择一个怎样的公司才能实现自己的职业目标？我要选择一个怎样的职位提升才能实现自己的职业目标？为了达到自己的职业目标，应该在哪些个人素质、技能、业务能力、潜能开发方面提高自己？

最后是规划的评估和调整。影响职业生涯规划的因素很多，有的因素是可以预测的，而有的因素却难以预测。在这种状况下，要使职业生涯规划行之有效，就须不断地对职业生涯规划进行评估与修正。

找到明确答案的五个问题

在开始职业规划之前，你首先要做的就是充分地了解自己，这样才可以找到你的终极目标。在安静的环境里，经常询问自己这几个问题：我是谁？我想做什么？我会做什么？环境支持或允许我做什么？我的职业与人生规划是什么？

每一次向自己提出这样的问题的时候，随意地记下你的所得。开始的时候，它们可能没有什么意义，但是，多次的累积会让你茅塞顿开。一定要反复地自问，直到每个问题有了最明确的答案。

● 问题一：我是谁？

认识自我是每一个人在成长中都必须面对并认真解答的问题。思考你所扮演的各种角色与你的特征，能力如何、性格是什么样的、有何兴趣和爱好、什么样的价值观等等。尽量多地写出各种答案，你将会清楚自己的责任、角色和性格。必须真实地面对自己，真实地写出每一个想到的答案，按重要性进行排序。

对于有些人而言，客观地认识自我可能有些困难，不过你也可以到专业机构接受心理测试，帮助自己进行分析。

● 问题二：我想干什么？

我想干什么？对于有些人而言，这种自省可能是比较痛苦的。因为这关乎一个人的价值观，一个人儿时最初的梦想。因为大部分人最初想要做的事，会随着年龄的增大和生活的现实渐行渐远。所以，要回答自己想干什么，必须将思绪拉回到孩童时代，从人生初次萌生第一个想干什么的念头开始，然后随年龄的增长，回忆自己真心向往过的、想干的事，并一一地记录下来，进行认真的排序。

● 问题三：我能干什么？

很多人的悲哀就在于，半天时间可以找出100条发财之路，但也许用半年时间也找不出哪一条路属于自己，究其原因，关键在于他们不知道自己能干什么。世上没有无所不能的英雄，脱离自身分析战略的人是现代的堂吉诃德。这也就是为什么跳进淘金浪潮中的淘金者为数众多，而真正能拾到金元宝的却寥寥可数了。

必须要承认，每个人从生下来的那一天起，就是千差万别的，有的人对数字具有天分，有的人对机械装置深深着迷，而有的人则从小就展露出非凡的文艺天赋。因此，自己能干什么，不能干什么一定要想清楚。将自己得到确实证明的能力和自认为还可以开发出来的潜能一一列出来。

● 问题四：我具备什么样的条件？

光是清楚自己想干什么，能干什么，这都只是意念问题，还要检查我们是否具备做某事的条件。如果空谈想法，哪个不会？乞丐也想发财，也想成功！如果不根据自己的条件去做事，那就是典型的好高骛远。因此，要仔细分析自己周围的环境以及自己所拥有的资源，看看这些环境和资源能够给自己提供什么样的帮助，并且逐一将它们写出来。

● 问题五：我的职业规划是什么？

将前面几个问题的答案一字排开，认真加以比较，将内容相同或相近的答案用一条横线连起来，你会得到几条连线。而不与其他连线相交叉处于最上面的线，就是你最应该去做的事情，也就是你的职业生涯的方向。

课堂总结

每个人都应该把自己当作公司来经营，学会做自己的老板，学会对自己负责。从现在开始，不管你正处于职业生涯的什么阶段，你要做的事，就是以公司经营者的身份对你的职业生涯做一个合理而到位的规划。

职业定位一定要"准"

职业定位有两层含义：一是确定你自己是谁，你适合做什么工作；二是告诉别人你是谁，你擅长做什么工作。每个人的职业生涯是有限的，国家与公司都有定位和长期的发展计划，而个人往往忽略了规划。职场生涯短暂，走过弯路固然会增强自己的抗击打能力，但如果弯路走多了，你的人生成本就高了。所以，职业定位和规划一定要"准"，有限的人生来不得过多的浪费。

定位不清晰的危害

子曰："吾十有五而志于学，三十而立，四十而不惑，五十而知天命，六十而耳顺，七十而从心所欲，不逾矩。"孔子在几千年前就给自己清晰的职业定位：志于学。而现在很多的朋友却没有意识到职业定位不清晰的危害。

● 危害一：不能持续性地发展

很多人事业上发展不顺利不是因为能力不够，而是选择了并不适合自己的工作，并没有认真地思考一下"我是谁"、"我适合做什么"。因为不清楚自己要什么，从而无法体会如愿以偿的感觉，始终感觉像在大海中迷失方向的船只，太多的无奈和无助；还有很多人因为金钱或其他诱惑，把时间用于追逐并非自己真正适合的工作，随着竞争的加剧，往往感觉后劲不足。

● 危害二：不利于资源的积累

资源大致可分为人脉、知脉、金脉。每个工作领域所需要的资源是完全不同的，定位不清晰，会导致自己积累的很多资源得不到很好的利用。职业领域中有个聚焦法则，就是说一个人只有把所有资源集中到一个点，才最容易成功。有些人多年来涉足很多领域，学习了很多知识，但博而不专，每一项能力上都没有很强的竞争力，外强中干。现在市场营销都讲究细分，如果经历的行业很多，各种资源收益很少，过于分散时间和精力，就会让你失去原有的优势。

● 危害三：难于抵抗外界的干扰

定位不清晰，很难抵抗住外界的干扰，因为他们像钟摆一样左右摇摆，没有自己的准轴。

这样的人选择工作，往往只能用现实的报酬作为准则，哪里钱多去哪里，什么时尚干什么，以至于放弃自己本已不错的职业，弃正投歪。

● 危害四：用人单位不敢重用

用人单位不敢招聘你，怕你流失；上司不敢培养你，因为你的心不定，不敢委以重任。定位不准，就好像游移的目标，云里雾里，让人看不清真实的面目，也失去了自我发展的机会。

总而言之，目前竞争压力越来越大，职业中的诱惑越来越多，如果你不能给自己清晰定位，那么即使有好的机会，也会错过。

准确定位，分四步走

定位如此重要，那如何才能准确定位呢？定位原则主要根据个人的兴趣、爱好、核心能力、对工作生活的看法、个人目标、市场状况、切合实际等原则。为自己准确定位，大致可分四步走：

第一步，了解自己。主要了解自己的核心价值观念、动力系统、个性特点、天赋能力、缺陷等。了解自己，可以自我探索，也可以请他人做评价，甚至可以借助心理测验。

第二步，了解职业。包括职业的工作内容、知识要求、技能要求、经验要求、性格要求、工作环境、工作角色等。方法便是询问业内的专家达 10 名以上，也可参照业内成功人士的经验。

第三，了解自己和职业要求的差距。你可能会有多种职业目标，但是每个目标带给你的好处和弊端不同，你需要根据自己的特点仔细地权衡不同目标的利弊得失，还要根据自己的现实条件确定达到目标的方案。

第四，确定如何把自己的定位展示给面试官和上司。确定了自己的职业取向和发展方向之后，你需要采用适合的方式传达给面试官或者上司，以此获得入门和发展的机会。

规划长、中、远的职业目标

前面谈到赵括的职业规划时讲过，每个人的职业发展大体分为四个阶段：探索阶段、确立阶段、维持阶段、下降阶段。

根据职业生涯长短、经验、阅历的不同，各个阶段的职业侧重点也应有所不同。譬如说，探索阶段，我们就应该侧重于学习专业知识、为人处世之道，积累工作经验和各种资源，并多做些尝试、探索，在工作中摸索出自己的职业倾向、职业锚、职业兴趣等，逐步找到最适合自己的职业。再譬如确立阶段，这个时候就不应该做过多的尝试，而是应该认真分析自己的职业锚、职业倾向，选择有优势的职业做长远的打算，重点是整合自己的各种资源，谋求事业和收入更上一层楼。

各个阶段的区分，还必须考虑到年龄因素，年龄阶段的划分还应该针对不同的职业加以区分，例如在中国，作为职业足球运动员，30 岁已经该退休了，而作为教授，30 岁差不多是最年轻的。

规划从来不是写在纸上的空话，而应该是可以执行的计划。人的一生看似漫长，其实弹指一挥间，仔细算来，时间是很有限的——三分之一的时间在休息，学习和其他时间占去了三分之一，真正可利用的时间不到三分之一。如果一个人可以活 80 岁的话，那么他花在工作和事业上的时间，也就将近三十年而已。

将来会是什么样子，我们虽然暂时看不到，但是你可以预见，通过事先的规划一步步勾勒出来。做规划的好处，除了上面所讲的若干益处之外，最根本的就是能有效地利用时间，让你的一生无憾。

职业生涯规划，应从一生的发展写起，然后分别定出十年、五年、三年、一年的计划，以及定出一月、一周、一日的计划。

1. 定出未来发展目标。你想干什么？想成为什么样的人？想取得什么样的成就？想成为哪一专业的佼佼者？把这些问题确定之后，你的人生目标也就确定了。

2. 定出十年的大计。二十年计划太长，容易令人泄气，十年正合适，而且十年功夫足够成就一件大事。今后十年，你希望自己成为什么样子？有什么样的事业？将有多少收入？要过上什么样的生活？你的家庭与健康水平如何？把它们仔细地想清楚，一条一条地计划好，记录在案。

3. 定出五年计划。定出五年计划的目的，是将十年大计分阶段实施。并将计划进一步具体、详细，将目标进一步分解。

4. 定出三年计划。俗话说，五年计划看头三年，因此，你的三年计划，要比五年计划更具体、更详细。

5. 定出明年计划。定出明年的计划以及实现计划的步骤、方法与时间表，务必具体，切实可行。如果从现在开始制定目标，则应单独定出今年的计划。

6. 下月计划。下月计划应包括下月计划做的工作，应完成的任务、质和量方面的要求，财务上收支，计划学习的新知识和有关信息，计划结识的新朋友，等等。

7. 下周计划。计划的内容与上述第 6 点相同。重点在于具体、详细、数字化，切实可行。而且每周末提前计划好下周的计划。8. 明日计划。取最重要的三件至五件事，按事情轻重缓急，按先后顺序排好队，按计划去做。

课堂总结

职业定位不准确，就像浮萍，随波逐流，像没有雷达的轮船，迷失于茫茫大海。检视一下你的职业定位，及时调整，以转入正确的轨道上来。

本色演员，才会有出色表演

非本色表演是挑战，但不容易成功，本色表演却得心应手，最容易成功。有很多演员之所以一炮而红，关键就在于他们饰演的角色刚好最符合他们的个性和气质。没有人可以演谁像谁，我们却总喜欢以为自己可以真的演谁像谁。

职业选择中的自我迷失

生活中常常会被问到这样的问题："你觉得最开心的事情是什么？"其实这是一个极其普通的问题，却一时之间无法说清。不过大部分人的第一反应是："能够自由自在地做自己喜欢的事情。"是的，只有你做到了不虚假地活着，认真地在做自己，你才会发现原来这天很蓝，这云很白，这世界真的很美。但是现实中，有多少人在做真正的自我呢？有一位在美国的中国留学生写给国内朋友一封信，内容是这样的：

很小的时候，我的目标就是长大，长大了做什么，我当时没有想过；读小学的时候，父母给我的目标就是考初中，考上初中做什么，我没有想过；读初中的时候，父母给我的目标就是考高中，考上高中做什么，我没有想过；读高中的时候，父母给我的目标就是考大学，考上大学做什么，我没有想过；上大学的时候，父母给我的目标就是出国，出国做什么，我也没有想过。

现在留学拿到了学位，要找工作了，下一步我该做些什么呢？这次，我要好好地想一想。我一个人在暗夜里冥思苦想，幡然醒悟：原来这么多年来之所以总是觉得力不从心，是因为我一直是为父母而活，因此，我要唤醒埋藏了25年的进取心，改变我25年来被动的生活方式。从今天开始，我要积极主动地为自己而生活！

当这位中国留学生终于理解他"有选择的权利"并为此欢欣鼓舞的时候，我们依然在被动的道路上迷茫地生活着，无法自知。很多的时候，我们的人生轨道常常是父母给安排好了的：上什么样的初中、高中、大学，选择什么样的专业，找什么样的工作，甚至我们的结婚对象，他们都要全权代劳。

自我迷失，似乎有着太多的外在原因，但是通常情况下，我们是主观去选择自己的工作的。很多的人，对于职业定位，从来不听从自己内心真实的声音，不敢做本色的工作，而是去盲从别人，扮演自以为光鲜的职业角色。

越来越多的人在商品经济的冲击下失去了自我，自我的概念已从"我是我所有"转变为"我是你所需"。比如所学的专业将来是否有好的回报，求职报酬是否高，做的生意是否能赚到更多的钱。人关心自己，仅是关心自己是否能在市场上获得最令人满意的价格，自己是否能在商品社会换到优越的物质享受。

我们逐渐地迷失在这个社会中，丧失了个性，丧失了自由的意志，丧失了属于自己的真正的快乐。就像意大利剧作家皮兰·得娄说的："我没有身份，根本没有我自己，我不过是他人希望我是什么的一种反映，我是'如同你所希望的'。"

我们像一个酱菜缸里泡出的泡菜，全都一个味，我们丧失了自己。如果你已经丧失了个性，丧失了自由的意志，丧失了属于自己的真正的快乐，那么，你还有什么证据来证明你就是你自己呢？

个性是证明我们自身存在的唯一特性。实际上，越是勇敢、坚强、有智慧的人，便越能在社会中保持自己的个性、思想，不容易为他人、为社会所利用、左右。每一个人都体现着人性，虽然我们在智力、健康、才能各方面有所不同，但我们都是人。人只有实现自己的个性，永远不盲从地追求与别人的统一，才能真正实现你的价值。

健全的人应该只听从于自己，听从于自己的个性、理性和良心。

做自己最幸福

"生命的可贵之处在于做你自己。"神学家坎伯在《坎伯生活美学》这本书里开宗明义说了这样一句触动人心的话。19世纪的浪漫主义代表，小说《金银岛》的作者罗勃·路易斯·史蒂文生也说："做我们自己，并尽其所能地发挥自我，是生命唯一的目的。"

对很多人来说，做自己是一个比较困难的事情，因为他们宁可相信别人，也不相信自己。他们只会羡慕别人，或者模仿别人，很少有人去认清自己的专长，了解自己的能力，然后锁定目标，全力以赴。

一对孪生兄弟因为逃难而失散，多年后重逢，个性活泼的哥哥在饥寒交迫下投身寺院当了和尚，个性安静的弟弟则在机缘巧合下娶妻生子。

兄弟俩过得极不快乐：哥哥羡慕弟弟娶妻生子，尽享家庭温馨；弟弟羡慕哥哥皈依佛门，远离尘世纷扰。

一天，兄弟俩相约在半山腰的小凉亭闲谈，正要离开时，突然发生了山崩，他们慌乱地躲进一个小山洞，幸免于难。半夜，哥哥怕弟弟着凉，脱下僧衣给弟弟盖上；清晨，弟弟感激哥哥的照顾，脱下上衣给哥哥盖上。

几天后，兄弟俩获救了。但哥哥被送回了弟弟家，弟弟被送回了寺院。他们将错住下，体会彼此向往的生活。哥哥为了衣食拼命干活，累得半死也满足不了一家温饱，丝毫享受不到在家生活的温馨；弟弟为了准时撞钟、诵早课，和衣而睡，彻夜未眠，半点感受不到出家生活的优哉。兄弟俩在疲惫不堪下恢复原本身份，这才发觉，还是做自己最好。

我们的毛病是常常羡慕别人的优势，却忽视了真正属于自己的优势。费尔巴哈说："倘若我不先爱自己，崇拜我自己，我怎么能去爱和崇拜那些于我有用并给我福利的东西？倘若我不爱我的健康，我怎能去爱医生？若我不愿意满足我的求知欲，我怎能去爱老师？"因此，每个人必须知道自己喜欢什么，需要什么，自己的优势在哪里，任何时候都不要随波逐流而丢了自己的优势。

找回自己，从点滴做起

这是一个创新的时代，但如果没有了独特性，又怎么能有创新呢？没有了独特性，就意味着大家都一样，也就意味着平庸，意味着你对于这个社会可有可无。你与别人一样，那别人就可以代替你，社会就可能没有你的位置。

有的人缺乏个性，就是因为他们有很强的"从众"心态，不敢做真正的自己。自己有想法不表达，时间久了甚至都不清楚自己的想法是什么了。他们每次都会习惯性地先问别人："你怎么想？"而从不会问问自己："我怎么看？"

没有几个人能完全按自己选择的方式生活，经济方面的原因以及其他的责任义务，使这种念头有些不切实际。但是，如果你发现每天大部分时间都花在实践别人给你制定的计划上，那么，这绝对该是你开始实现自己梦想的时候了。人生最大的悲哀就是没有过上自己想要过的生活，一个有自信的人，就应该按照自己的想法像模像样地活出真正的自己。

要改掉这个习惯，就需要下定决心，从生活中的点点滴滴做起，每一件小事都要表达出自己的意见，就算你不是很在乎。例如，自己决定在餐馆点什么菜，自己决定衣着打扮，周末时自己决定要去哪里玩等等。你应该学会对自己的生活做出合理的安排，而不是"别人怎样我就怎样"。当自己感觉"无所谓"，想依从别人的意见时，记得提醒自己，一定要把自己的选择展现出来。

从小事到大事，你如果都能做到听从自己的意愿，日子久了，你就会养成积极主动的习惯，做回真正的自己。

人生是一出戏，在自己生命的舞台上，我们是制片，是编剧，是导演，更是主角。我们是这出戏的中心，四周的人，充其量都只是配角而已。勇敢做自己，才能完成上天赋予自己的使命，才能在人生的汪洋大海中平稳地驶往我们的目的地。

课堂总结

在人生太多的职业角色中，不管你想要扮演什么样的角色，要想发挥自己淋漓尽致的演技，让观众记住你，你必须找到最适合你气质和性格的角色，做本色的表演。

调　整

在这个竞争激烈的"丛林社会"，安于现状意味着你必然将会遭遇职场和人生的危机，最终会被这个社会无情地淘汰！苟化成蝶需要痛苦的蜕变，获得成功也需要必要的磨炼。因此，只有迅速地逃离舒适区，及时地做出改变、调整自己，才能在社会中求得生存，获得个人的成功和发展。

并不是只有天使才可以飞翔

选择专业和工作，以个人的兴趣、爱好和特长为导向，这无疑是很有道理的。但是，兴趣和特长有时候也有偏差，就像鲁迅，他最初立志从医治病救人，但是后来发现医学不能真正拯救国人，从而弃医从文，成为了一代伟大的文豪。因此，做人要有弹性，不能跟着自己的感觉走，过早地给自己下结论，在尝试过多种工作后，你就会发现，原来以前做梦都没有想到的工作，却是真正适合自己的。

从鲁迅"弃医从文"说起

有些人一直做着自己喜欢的工作，孰不知，这份工作并不一定就是真正适合他的。有的人即使发现了，也缺乏勇气作出改变，而有的人却果敢掉转发展方向。古今中外，这样的例子比比皆是。我们先从鲁迅弃医从文说起吧。

18岁那年，鲁迅到南京求学，后又留学日本学医。鲁迅为什么要学医呢？他认为中国之所以遭受世界列强的欺凌，其中一个重要原因，就是中国人的体格太弱，"东亚病夫"真是奇耻大辱。同时，中国的医学也太落后，鲁迅的父亲就是因庸医所误而过早地离开了人世。鲁迅想学好医学，平时解除人民的病痛，增进大众的健康，战时则上前线做军医，为反侵略贡献自己的力量。然而，在日本仙台学医的第二年，一个教学电影后加映的时事短片改变了他的一生。

当时正是日俄战争期间，一个中国人被俄国人收买，充当奸细，被日本兵抓获，于是要将他砍头示众。许多东北同胞围观。

"好啊！"当刽子手举起屠刀时，教室里爆发出一阵热烈的欢呼和掌声。银幕上和银幕下的这一幕，使鲁迅受到很大的刺激。那个被砍头的同胞，身体不是也很强壮吗？两个帝国主义国家在我们的领土你争我夺，他们都是侵略者，都是我们的敌人，而他却去做一方的奸细，为虎作伥，亲痛仇快。活得糊涂，死得也糊涂。而那些围观者，把屠杀同胞当热闹看，他们的精神状态麻木到了何等可怕的地步！

经过痛苦的思考，鲁迅得出结论：身体健壮，还不是最重要的事情，提高大众觉悟，才是当务之急。学医不能救国，学医只能医治人的身体，却不能解救人的精神。人们的身体，即使健壮了，但不知道爱国，不知道反抗压迫，又有什么用呢?! 要唤醒民众，最好的方法就是用文艺作品来感染他们，教育他们。于是，鲁迅中途退学，弃医从文，开始了他伟大的文化事业，终于成为中国文化革命的主将、伟大的文学家、思想家。

孙中山学医的初衷与鲁迅很相似。1885 年，昏庸腐败的清政府签订了投降卖国的《中法条约》。这个屈辱的事件，激发了孙中山的爱国主义情感。他决心学医，掌握治病的本领，以保障国民的健康，从而使国家强盛起来。从香港西医书院毕业后，孙中山很快成了一名小有名气的医生。在从医期间，孙中山广泛接触社会，谈论国家大事，讨论中国的前途，逐渐感到中国社会的"病"比人们身体的病更为可怕，更为重要，进而得出了"医国"比"医人"更紧迫、更重要的结论。于是，他开始秘密建立革命团体，从此走上了艰险的民主革命之路。"振兴中华"就是孙中山于 1905 年 7 月在日本的一次即席讲演上首先提出的。

从鲁迅和孙中山的故事中，我们可以看到，他们最初都立志从医，做一个好医生，也投入了很大的精力和热情，而且"小有成就"。应该说，坚持下去，成为一名出色的医生并不是难事。但是，他们却敢于做出调整，放弃当下喜欢的工作而投入到更有价值的地方去。

放弃眼前所拥有的，去投身一项未知的事业，这需要多大的勇气和胆识。这是一般的人所做不到的，也正是伟人和凡人的区别所在。所以，人并不生来就是做某项工作的，大胆尝试，说不定你可以成为比你预想中更为伟大的人！

兴趣是可以后天培养的

从鲁迅弃医从文、孙中山弃医从政的例子中，我们可以看出，兴趣并不是天生的，也是可以培养的。记得这样一个寓言：

动物们开办了学校。开学典礼的第一天，来了许多动物，有小鸡、小鸭、小鸟，还有小兔、小山羊、小松鼠。而学校为它们开设了 5 门课程：唱歌、跳舞、跑步、爬山和游泳。老师宣布，今天上跑步课。小兔子兴奋地在体育场跑了一个来回，并自豪地说："我最喜欢跑步了！"可其他小动物却有的撅着嘴，有的耷拉着脸。放学后，小兔回到家对妈妈说："这所学校真棒！我太喜欢了。"

第二天一大早，小兔子飞跑到学校。老师宣布，今天上游泳课。小鸭子兴奋得一下跳进了水里，天生恐水的小兔傻眼了，其他小动物更没了招儿。接下来，第三天是唱歌课，第四天是爬山课。以后发生的情况，便可以猜到了，学校里的每一堂课，小动物们总有喜欢的和不喜欢的。

这个故事的寓意是：不能让猪去唱歌，让兔子学游泳。你是兔子就应跑步，是鸭子就该游泳。是小松鼠就得爬树，也就是一个人要做自己感兴趣和擅长的事。这个道理很简单，所以很多人把它引申到企业里。大概的意思是：你是外向性格的人，就应该做和人打交道的工作；你性格比较严谨，就应该做内部管理和财务之类的工作。从逻辑上来说，好像也对。再引申一下，你是基层员工，就要按照职责，做好财务工作，做好销售工作，做好行政工作。不要总想着创业当老板，更不要做财务的总想着做销售，做行政的总想做市场。

现实情况果真如此吗？你要是员工，你会认同这样的道理吗？其实换个角度来看，我们不是兔子、鸭子、山羊，我们的潜能是无限的，没有人限制你做什么，更没人限制你成为什么人，你的父母没有这样的权力，你的老板更没有这样的权力。如果你不尝试一下，你怎么知道自己适合做什么呢？你怎么知道自己擅长什么呢？

选择职业听从天性的召唤是没有错的，性格和兴趣虽然很难改变，但还是可以改变的。其实，有很多的人对最初接触到的工作不一定都很有兴趣。香港杰出企业家李嘉诚是成功的经营者，他肯定自己对做生意很感兴趣，但他也承认，他最初喜欢的工作是教育。当年开办"长江"时，他计划只做三年，然后像祖辈、父辈那样去从事教育事业。

李嘉诚后来回忆说："讲心里话，最初我是根本不喜欢做生意的。但后来，生活环境的改变，理想是一回事，现实却又是一回事，慢慢地，我就强迫自己定下心来，培养自己做生意的兴趣。然后，真的有了兴趣，这样才一路不停地发展到今天。"

在尝试中及时调整

在人生之路真正开始时，我们也许要面对两个盲区做决策：一个是外部的世界，这360行中各自独特的酸甜苦辣、艰难险阻以及所要求的素质条件，这一切我们都所知甚少；另一个盲区就是我们自己，我们自身的性格、特长、知识积累等条件，恐怕没有经过实践的检验和锻炼，我们很难给自己一个定论。

伟大的文学家歌德在年轻的时候曾经立下志向，要成为一名世界闻名的画家，为此他一直沉溺于那变幻无穷的色彩世界中难以自拔。他付出了10年的艰辛努力去提高自己的画技，但是最后却收效甚微。

在40岁的那年，他游历了意大利，亲眼见到那些真正绘画大师的杰作之后，他被震醒了，他终于明白，即使自己穷尽毕生的精力，恐怕也难以在画界有所建树。在痛苦和彷徨中度过了一段时间之后，他毅然做出决定：放弃绘画，改攻文学。

晚年的歌德在回顾自己的成长历程时，就告诫那些头脑发热的青年，不要盲目地相信自己的兴趣，跟着感觉走。歌德感慨说："要发现自己多不容易，我差不多花了半生的光阴。"

由此可见，每个人都一样，只有在最初多做几份工作，才能知道你适合做什么，才可以知道你想做什么。你要多尝试，多思考，然后投入百倍的时间和精力，用三年到五年的努力，达到自己的目标。

课堂总结

唯有多做，多尝试，才能发现自己到底适合什么。有些兴趣是天生的，另一些兴趣则是后天培养出来的。天生的兴趣，几乎不需要别人的指点，就会很明显地表现出来。而后天培养的兴趣，则需要时间与耐性去观察发现。一个人能够及早发现自己真正有兴趣的事，并且将兴趣培养成为专长，是一种挥洒自如、淋漓尽致的人生幸福。而这种幸福，只属于勇于尝试、果敢调整的人！

小心工作的"七年之痒"

婚姻中有"七年之痒"，夫妻相处一久，感情就会出现问题。工作也是如此，随着职业生涯的增长，我们会逐步对工作缺乏最初的激情，出现倦怠，甚至是厌恶的现象。这个时候，你就有必要好好检视一下你的工作。

你的工作"七年痒不痒"

某日跟一朋友聊天，我突然问他："你喜欢你的工作吗？"

他笑答："搞社会调查啊？是不是又犯职业病了？"

我说："是有人调查过了，我只是问问你，看结果是否跟调查一致。"

他说："对于现在的工作，我说不上喜欢，也说不上不喜欢，上班只是为了养家糊口而已。"

我有些悲伤地说："你真不幸，80%的人都和你一样！"

他说："怎么能叫不幸呢？大部分人都是这样啊！你的比例说少了，现在90%的上班族都是这样……"

聊完天，我想起一句话："人吃饭是为了活着，人活着却不仅是为了吃饭。"这句话，曾经让少不更事的我激动不已。可是，久而久之，随着自己年龄的增长、工作的变动、人生阅历的丰富，特别看到很多人的百态际遇，再读这句话，却读出了另一种味道。

工作只是为了养家糊口，而不问自己喜欢不喜欢，这是多么可悲的事情啊！人们常说婚姻有"七年之痒"，婚姻到了一定的年头，慢慢地，激情就没有了，只是过日子而已。而上述那种消极的工作心态，无疑就是工作中的"七年之痒"。

七年，不是一个定数，而是一个概数，可能是两三年，也可能是七八年，工作的"七年之痒"追根究底，还是一个工作的懈怠、郁闷、失意现象，是典型的工作亚健康状态。

工作到底"痒"在哪里

亚君22岁毕业，参加工作已五年，今年27岁。这是一个不尴不尬的年龄，不再心安理得地坐享父母的给予，总在绞尽脑汁地筹划自己的升迁。由于大学学的是广告，所以亚君很幸运地在一家比较大的广告公司负责设计方面的工作。但因为大公司分工很细，反倒学不到什么。后来通过朋友的介绍，她成功地跳到了另一家小的设计工作室。在那里每个人都要独当一面，比起前一份工作，更能锻炼人。而且在那儿，她第一次体会到了通宵达旦的乐趣和苦恼。

有人说，做广告这一行就是在吃青春饭，很少见 30 岁以上的人再来做这个的。因为工作强度大，有时候需要连续加班，几夜下来，小伙子胡子拉碴，女孩子则一个个成了黄脸婆。亚君的家人实在不忍看她日渐憔悴，说什么也不让她再待下去。亚君也怕自己还没嫁出去就已经"人比黄花瘦"，就又换了一个公司。

然而受专业的限制，亚君始终摆脱不了广告这一行，这也就意味着她仍然经常在午夜两点半从公司的写字楼里游出，独自在空旷的大街上行走。夜景虽美，她心里却有些凄楚，她常常自问：我梦中的理想事业到底在何方啊？但是，无奈的现实又再三告诫她说：你已经不是任性的小孩，楼还在供着，车子还未买，每天 24 小时还不够，哪有时间顾影自怜？

亚君的郁闷，不仅仅是个别现象。当工作进入一定的阶段，工作之痒就会随时发作，只是每个人的情况不同而已。搔痒还得找到痒处，因此，解决工作之痒，首先还得找到所痒之处。闲暇的时候不妨坐下来静静地思量一下自己的职业困惑，自己的"痒"究竟在何处？

痒的出现不是偶然的，就如婚姻，厌倦或无奈，保持或放弃，总是有本有源的。职场也是如此，幸福的杀手总是潜伏在我们的周围。据调查表明，产生工作七年之痒的因素有很多，譬如：对工作力不从心、工作得不到家人和朋友的支持、与同事的关系不融洽、工作与生活发生冲突、认为管理制度与流程不合理、对薪酬不满意、对直接上级不满、对自身的发展前途缺乏信心等等。

这些因素无疑对工作幸福感的影响都很大，但是，我们可能往往会忽略最重要的因素，那就是这份工作是你真正喜欢的，真正适合你的吗？是否一开始就选错了呢？工作毕竟不是婚姻，选错了，重新选择的难度没有那么大，何况夫妻之间如果性格不合，最后分道扬镳的现象也是比比皆是啊。

职业称职度自测自评

好的职业不一定是"高薪、高职和高位"，解决温饱只是人生基本的需要，做自己喜欢的事情，喜欢自己做的事情，才是人生更高层次的追求和享受。当职业与一个人的兴趣、爱好、气质、性格和专业能力相吻合时，才能从内心体验到真正的成就感。以下这些问题，可以测试出你对工作的称职度：

你在工作时，是不是老板在时一个样，老板不在时又是另一个样？

你是否经常一天接着一天无事可干？

你是否常将两个小时内可以完成的工作用一天来做？

你是否一直在做表面的、杂务性的工作？

你是否觉得许多同龄人或相同资历的人的工作内容比你丰富，取得的成绩比你大得多？

你是否觉得工作毫无快乐可言，对自己简直就是一种折磨？

你是否觉得你的工作特别的累，而实际上你的工作量却相当的小？

你是否急于摆脱工作的状态，即使完成了工作，也毫无成就感可言？

你是否与同事关系紧张？

……

如果这些问题的答案大部分是"是"，就暗示了你的工作含金量正在下降，你已经无法轻松自如地驾驭这份工作了，你需要引起警觉，考虑新的职业发展规划。

课堂总结　工作出现"七年之痒"并不可怕，可怕的是对其"痒"视若无睹，选择逃避的态度。如果这份工作从一开始就是一个错误，就要勇敢放弃，去另寻找真正适合自己的那片天地。

方向偏离，就得及时调整

我们都是凡夫俗子，都有可能走错路，或者偏离正确的轨道。这都不要紧，重要的是内心的觉醒，觉醒胜过盲目的执著。鲜有人第一次选择就正中靶心，总有偏差，必须通过一次次的实践进行修正，在尝试中找到自己真正想要的东西。重新选择、调整，可能是每个人都需要做的事情。择业如坐车，如果在半途你发现搭错了车，千万别迟疑，果敢下车永远不晚。

重新选择，一样可以成功

几年前，媒体上有则消息：四川省副省长李某主动辞去职务，回到阔别 19 年的母校——西南财经大学任教授。一时间一些人颇为不解，一个人正值盛年、事业正旺的时候，为何放下高官不做，而去大学当个普通教师？对此，李某回答说："回到我所熟悉的书房、课堂，再干我终生喜爱的写作和教授的本行，真令人惬意。"

在李某看来，副省长尽管是个不错的甚至是令许多人钦羡的职位，但对于他自己来说，还是不如做一名教授更有利于自己能力的发挥，让自己"惬意"。这种选择适合自己的职业，而不迷恋于高职位、高待遇者还不少，著名相声演员牛群从牛县的副县长退下来，选择重回他的相声圈，这其中恐怕也有这层原因吧。

李某和牛群的重新选择，固然跟自己的兴趣有关，但是同时也体现着他们的职业观和价值观，在他们看来，一个人价值的实现，并不一定看他有多高的职位、多大的官衔，是否从事热门的、有"面子"的职业，而重要的是看这个职业能否实现自身的价值。只要是有利于实现自身价值，同时又是自己熟悉的、喜欢的职业，应该说就是最适合自己的职业，至于别人怎么看，并不重要。当然，这其中也有他们个人内心的挣扎与权衡，但他们最终选择了忠于自己的价值观，勇敢做出新的抉择。

锲而不舍、坚持不懈，一直是我们传统文化所倡导的精神理念，这一点并没有错，也正因为这一点，很多人咬着牙、忍着气坚持着。但是在有些时候，明智的放弃，却胜过盲目的执著。譬如说，你目前的工作明明不适合你，你为何还要愚蠢地坚持呢？

认识自己需要一个过程，一旦发现自己的职业选错了，应及早纠正，千万不要一味地"坚持"。虽然有些人选错了职业，也能取得一定的成就，但是事倍功半，不应提倡。一般来说，28 ~ 45 岁左右，是努力展现自己的才能，大展宏图、建功立业的阶段。但不可忽视的是，这个时期也是人生目标的调整阶段。认真检查自己所选择的职业生涯路线、所确定的人生目标是否符合现实，如有出入或偏差，应尽快调整。30 多岁调换工作，更换单位，还较容易，从头做起，也来得及，等到45 岁后再更弦改辙就难了。

转行，宜早不宜迟

已工作多年的你，突然发现倾注了多年心血经营的工作，其实并非自己喜欢的，怎么办呢？这个时候才开始转行，会不会太晚呢？

对任何人而言，转行都意味着巨大的挑战和风险，因为转行意味着要放弃自己原有的资源，要面对的是相对陌生的领域，要去重新适应新的环境，也就是说你要一切从头开始。但另一方面，转行势在必行，因为只有转行，才可能让自己的职业生涯"柳暗花明"。

转行实质就是重新择业，所以，转行的具体做法应着重注意四个方面：一是准确地认识自己；二是对目标行业多做了解；三是寻求自身与目标行业的共同点；四是从自身出发选择行业。除此之外，在转行时，有两个错误是一定要规避的：

第一，不知道自己能做什么，盲目转入热门行业。最好的例子就是IT业，在IT业最火的时候，许多人也不审视自己是否能在这个行业中立足，就忙着攀高枝，以至于最近两年IT业人才过剩，而原来一些由传统行业转过去的缺少足够IT技能的人就成为了首选淘汰对象。

第二，急躁，心态不平稳。转行就像另选树干，有一个退下来的过程，在这一过程中，收入的减少和职位的降低在所难免，但只要所选的方向正确，超越旧有职位与薪水只是时间问题。反之，如果半途而废，其代价也是惨痛的，因为想要再转回原行业，是否还有空缺或获得原来的报酬和地位就很难讲了。在这个适应和过渡的过程中，耐心和平稳的心态显得尤为关键。

不管怎么说，转行是在选错了行业的前提下不得已而为之的事情，要引起足够的重视。一步不慎，全盘皆输。转行的原则是宜早不宜迟，但是，决心与耐心也起着决定性的作用，试想很多成功人士，都是中年之后才转行做其他的，但一样成功了。因此，一旦发觉入错了行，就要勇于改变自己，大胆转行。重视运用经验，又不被经验束缚，积极融入到新的工作和环境中去，你会发现，转行任何时候都不晚。

大胆改变，用行动战胜恐惧

方向错了，就永远无法抵达成功的彼岸，这个道理每个人都懂。但是真正面对现实时，改变却变得举步维艰了。

记得有这样一个寓言故事：

有个人走在乡间路上，经过一户人家，看到一条狗极其难受地蹲在一根横木上，并不时地发出嗷嗷的叫声。于是，他走近农夫问道："那狗怎么了？"

农夫说："因为它坐在一根钉子上。"

他接着问："那它为什么不站起来？"

农夫说："因为它还没坐够！"

"我真希望能找份自己喜欢的工作，哪怕钱少点，但这样我会很快乐，遗憾的是，我不能辞职，因为我承受不起亲戚给我的压力……"

"我现在的工作真的很累，很累，爱我的人和我爱的人，他们不会知道我现在的生活会如此的痛苦。"

……

生活中我常常听到这样的叹息，但是，他们常常只是倾诉和抱怨而已，却从来没有真正改变过现状。如果受不了自己的工作，却只是坐以待毙，自怨自艾，那跟坐在钉子上的狗又有什么两样？有很多的人像故事中的狗一样，迷迷糊糊地走到半路发觉走错了，但就是没有勇气及时回头，他们唯信"意志"和"努力"，无论做什么职业，他们都秉承"坚持就是胜利"的哲学。

在职业生涯中，造成择业失误是很正常的。但是有很多的人，明知道错了，却缺乏改变的勇气。因为惯性作用，他们已经习惯于原来的工作环境，改变对他们来说是一种痛苦。

工作是属于你的人生挑战。你的雇主决定不了你是否能生活得快乐，是否能取得事业的成功，你大可不必为了所谓工作的稳定性，而固守着一份你不喜欢的工作。这是一个多元化的时代，适合的机会比比皆是。再也不必因为曾经被退学、曾经下岗或者曾经失败过，而不得不放弃未来成功的机会，勉强去做那些对自己毫无意义的工作。如果你的工作不能给你带来快乐和实现自身的最大的价值，那么即使你的老板对你说"不干走人"，你也不用为了保住饭碗而一再隐忍，委屈自己留下。

当一个人知道自己已经走错方向时，如果还要继续，最后会得到什么结果呢？一定不是他所要的，这是毋庸置疑的。达尔文当年决定放弃行医时，曾遭到父亲的斥责："你放着正经事不干，整天只知道打猎、捉狗、抓耗子。"然而，达尔文却坚持做自己最喜欢的事，最后，终于出版了影响深远的《物种起源》一书。

课堂总结

成功的职业生涯需要不断地调整职业定位，但是在调整之前，我们必须搞清楚是什么使你在职场中受挫？又是什么使你的职业定位产生了偏差？只有讲求实际、合理准确地评估自己，并不断地加以调整，才能合理定位职业方向，才能每天朝着这个方向努力前进。

别轻易做"跳蚤"

在职场上，有人天生是"不安分因子"，几年来像跳蚤一样跳来跳去。有的人却像"惰性气体"，几年来不挪窝，即使跳，跨度也不大。通常情况下，后者的职业发展却胜过前者。

"跳槽"是一门学问，也是一种策略。"人往高处走"，这固然没有错。但是说来轻巧的一句话，却包含了为什么"走"、怎么"走"、什么时候"走"，以及"走"了以后怎么办等一系列问题。

备受冷落的职场"跳蚤"

吴小姐工作才两年，先后跳槽五次之多，行业涉及到房地产、化妆品、教育咨询、传媒等，所从事的具体工作也有服务、营销、策划、编辑等四项之多。

两年了，仿佛又回到了起点，她像大学刚毕业时那样，重新陷入了就业的困境，用人单位常常委婉地以她跳槽过于频繁而拒绝她。

吴小姐所学的专业为国际贸易，但她的长项却倾向于中文，写作能力和口头表达能力均非常优秀。在校期间，她一直担任教授助理，并且独自寻找了一个加盟项目，在家乡担任整个城市的代理商，先期运作比较成功。因为这些经历，吴小姐在毕业时对自己的期望较高，不甘心在大公司从底层做起，而是想进入一家规模不大但是有发展前途的公司，可以一开始就受重视，以最快的速度成长，然后再自己创业。

回想两年左右的从业经历，吴小姐觉得有很多的困惑和迷茫，比起刚毕业的时候，她甚至更找不到自己的发展方向。从一开始全心希望去做一份有挑战性的工作，对营销有着满腔的热情和向往，到后来对营销的恐惧、抗拒、厌恶，吴小姐到现在都解释不了自己的心理变化，也不知道该如何去调整。

在最不受欢迎的求职者的调查中发现，频繁跳槽者是最不受用人单位所欢迎的。企业给予的理由一般是这样的：企业真正培养一名员工要投入大量的金钱和时间，而员工要是中途跳槽，会给企业带来很大损失。

有些公司有明确规定：年龄在 30 岁到 35 岁的男性，只要换过三个以上的工作，公司原则上就不予考虑。他们认为，现在公司人员的流动性非常大，每招聘一名员工到这名员工真正能够为企业带来利益，需要很长一段时间，这期间企业需要为员工进行培训、支付薪水等，需要投入大量的人力、物力。可是刚刚培训成熟的员工就要辞职，这将给企业带来很大的损失，所以他们不希望招聘经常跳槽的员工。

不要让"跳槽"成为习惯

"滚石不生苔"，其实跳槽和转行，都是大家所不主张的。除非是有非常的理由，譬如说选错了行业，或者公司环境让自己没有一点发展前途等等。一般而言，频繁的跳槽有害无益。有些人一年要换好几种工作，将跳槽当成了逃避一切问题的手段：工作不顺利，跳槽；关系不和睦，跳槽；工资不理想，跳槽……一点小挫折就跳槽，这是愚蠢的做法。

"职场跳蚤"之所以不受企业欢迎，还因为工作能力的培养，都要经过一个相当长的时间才能真正掌握，如果经常跳槽转行，往往容易成为万金油，即什么都会一点，但什么都不精通、不专业，只好一直做不需要精通的初级工作。

频繁跳槽更重要的是对自己的发展不利，职场专家发现，一个人如果想要在某个领域干出一番成绩或者成为专家，就必须锁定自己的注意力，用上所有的资源和精力去经营，坚持的时间必须是五年左右。而频繁跳槽者，无法专注于固定的领域，难以有所建树。况且从跳槽与不跳槽的成本来分析，跳槽者的成本明显偏高。

我们不妨来算一下经济成本账和机会成本账。

"不挪窝者"：每月"三金"由单位承担，每年平均薪资调幅约10%，熬上几年有望升职加薪，退休后每月还可领退休前薪资的80%。

频繁跳槽者：平均每年换五次工作，每次均加薪15%，但那都是在被录用为正式员工的条件下，必须先从最低位置干起，试用期只能领一点可怜的基本生活费，"三金"自理。当然这还是在比较理想的情况下，还有很多时候会由于不断更换新坏境而需要更大的花费，比如重新添置工作服、重新求租离新公司更近的房子、重新"贿赂"新同事以搞好关系等等。还有一点很重要的是，如果你永远是个"新人"，年终奖金肯定比别人低很多。

"不挪窝者"：在同一个岗位上做久了，经验积累多了，就成了"元老"，熬上几年一般可以升职，且同事之间日久生"情"，彼此互相照顾，老板对老员工也总是颇为倚重，工作时心情愉快。

频繁跳槽者：每一次跳槽一般都得从第一线做起，没有耐心等到升迁时就自动"出局"，对个人经验的积累并无帮助，且给人不安分的感觉，下一次跳槽也许就很难找到理想的工作。另外，由于不断更换工作，每一次都得重新打开关系网，很难拥有同事兼朋友的珍贵情谊，也难以得到老板的信任。更重要的是，当韶华在跳来跳去间流失时，如何面对"35岁现象"？

从经济和机会成本分析，"不挪窝者"显然比跳槽者强。但这并不是说跳槽的人必定失败，天底下没有这么绝对的事，而事实上，跳槽后更发达的人也不少。但话说回来，跳槽后成就不如老本行的人也有很多，这些人有的还信心满满地期待"明天会更好"。因此，切不可让跳槽成为自己的一种习惯，即使跳槽，也一定要三思而后行。

跳槽，三思而后行

基于以上事实，对于跳槽，我们必须理智对待。跳槽应该是一种理性选择，它分两种情况：其一，有一个更好的饭碗在等着你，必须及时抓住机会；其二，眼前这个饭碗已不值得留恋，不如另谋出路。

以下几点是提醒你跳槽时应当注意的事项：

● 首先检验目前的工作是否还值得坚守

如何判断一份工作是否还值得留恋，可以参考前面"工作的七年之痒"中的称职评论标准，也可以参考以下几种情况，只要合乎其中一条，便应该考虑跳槽：

1. 所在公司是家庭式企业，重要职位都被其家庭成员掌握，无论你如何努力，都不可能得到你希望的职位；

2. 所在公司盲目扩大规模，经营与管理水平却停留在原有水平，未来形势不容乐观；

3. 公司不注重新产品开发，市场呈萎缩状态，管理者却盲目乐观，不思进取；

4. 公司运营情况不佳，举步维艰，领导人却无计可施，倒闭迹象明显；

5. 待遇比其他公司的平均水准低 20% 以上，而且没有调整机会；

6. 优秀人才相继离去，留下来的都是能力不强或进取心不足的人；

7. 公司上下缺乏活力、死气沉沉，继续待下去只会影响你的情绪和斗志；

8. 没有激励性的薪酬制度，干好干坏一个样；

9. 完成任务毫不费力，长处得不到发挥，也没有调换挑战性工作的机会。

在上述几种情况下，你前途渺茫，迟早是要跳槽的，那么迟走不如早走。恋恋不舍，安于现状，日后可能会使自己更为被动。

● 看清大趋势，不要短视

"跳槽"要看清大趋势，不要短视。

先从宏观上仔细分析一下你所从事的行业，如果你所从事的行业正在走下坡路，不妨分析一下此行业未来是否会有起色，若没什么前途，是不是该考虑换个行业。微观上考虑企业是第二要素，要全面、充分地分析你"看上"的所有企业，像挑"新娘"一样好好权衡利弊，选择最适合你的工作。

● 跳槽，适合自己的才是最好的

跳槽，不能盲目追求热门的工作，适合自己的才是最好的。成功跳槽的实质就是进一步接近真正适合你的工作，如果这次机会让你离自己的目标和价值更近了，那么接受它就是一个正确的决定。但是在做出如此重要的决定之前，花时间仔细地权衡这份工作，评价它是否符合你的职业计划，是否更适合你的生活方式，还是必经的阶段。找工作要懂得扬长避短，不要把时间浪费在你自己不愿意做的事情上。

● 清楚地知道自己到底想要什么

你跳槽的理由是想要更多的钱？想要一份自己真正喜欢的工作？想要获得某种技能？想要结交有价值的朋友？……知道自己到底想要什么，你就容易判断某份工作是否合适。为了把跳槽的风险降到最低，在跳槽前一定要客观地认识自己，给自己做一个准确的定位。

● 跳槽不跳行

跳槽时最好遵循这样的法则：跳槽不跳行。也就是从老本行出发，看看与其有关的行业有哪些，等了解清楚了再跳也不迟，这样可少花很多力气。另外要从本行的经营形态来考虑，例如不喜欢"生产"，那么可改做"批发"或"零售"，如此，虽然形态改变，但并没有损害你对该行业的认识与累积。

● 体面"说分手"，留下一个好印象

虽然你应聘成功了，虽然你可能"痛恨"原来的上司，但是也不要在背后恶言冷语，也许你哪一天还会"用"到原来的公司。越来越多的企业喜欢做调查，了解员工在原公司的工作表现。不需要在离开的时候还要树立敌人，永远要以双赢为最高策略。

一个懂得处世之道的人，做事有始有终，哪怕是干最后一天，也会认认真真干好，并且会尽最大努力完成已接手的某项任务，而不遗留问题。这样给人留下一个好印象，也等于给自己留下了一条后路。

记住：给公司时间找交接的人；把事情交接完毕之后再离开；在剩下的时间中尽力把工作做好；不带走公司的任何资料或资源，特别是客户。

● 准备赢得更好的工作

跳槽，就意味着你要重新开始，不仅是工作方面，还有你适应新公司、新同事，以及新同事接纳等方面的问题。跳槽的准备工作做得充分，你会获得比预想的还要好的效果。

跳槽之前，尽可能收集新公司的信息以及可能要求自己提供的材料，做到有备无患。在找新工作时，最好找到三个以上可供选择的机会。通过报纸、网络、招聘会，你可以得到很多面试的机会，其中必然有不少公司对你感兴趣，这时你就可以从中挑选自己最满意的。不过，这意味着你要为此多花点时间。

找到新的工作之后，再离开原来的公司，这种方法比较稳妥。择业是人生中的一件大事，完全值得为它花上几天甚至更长的时间。如果经济状况许可的话，先辞掉旧工作，一心一意找新工作，肯定能得到更多的选择机会。

如果不做准备，毛手毛脚地随便跳槽，那可能就会面临非常被动的局面。在跳槽时，当事人要做到当断则断，模棱两可、左右为难的态度是很危险的，这种犹豫不决的态度只会让你悔不当初。

课堂总结 跳槽是为了选择更适合的舞台，这一点是可以理解的，但如果一个人频繁地跳槽，那么这个人的诚信度和工作能力就会大打折扣。

逃离工作的舒适区

每个人都向往舒适的生活和工作环境，但这种舒适的环境很容易成为制约一个人发展的陷阱。舒适的环境会慢慢地磨灭人的意念和斗志，直到在你面临重大挑战时，你已经没有能力去把握。就像马戏团被驯化的老虎和大象一样，虽然看似强大，但它们已经没有了在恶劣的环境中战斗的勇气。

每个人都有一个舒适区

每一个人都会有一个适合自己的"舒适区"，在这个区域里，你会感到很舒服，很放松，但一旦走出这个区域，你就会不舒服。

畅销书《谁动了我的奶酪》中讲得很清楚，小老鼠在原来自己的窝里觉得很舒服，一旦出去了以后，它感到很彷徨，很无奈，很恐惧，所以它就不愿意出去。这个窝就是它的"舒适区"。

与紧张的工作环境相比，休闲娱乐的家庭空间就是我们的"舒适区"；与创新相比，原来的旧观念、习惯就是"舒适区"。当你的工作设立了新的目标，当你要去达到这个目标的时候，就必须离开原有的"舒适区"。一个人如果不愿离开"舒适区"，过了一段时间你的"舒适区"就有可能被别人吃掉，到最后你就有被人取代的危险。

虽然每个人都会有习惯的惰性，但不愿意改变、不愿意离开"舒适区"的职业人士是不会有前途的，结果也是非常可怕的。有些人，在公司可能取得了一些成绩，于是变得不思进取。在这种"舒适区"的掩饰下，这些问题并没有及时暴露出来，当然也不会得到及时的处理。但日积月累，一旦问题爆发，已经来不及从根本上解决了，这个时候你就会发现自己已经落伍了。

"现状"是一座孤岛

很多人之所以不愿逃离舒适区，是因为他们安于现状，满足眼前的生活，而不愿意再费心突破。下面的故事很好地说明了这一切。

很久很久以前，非洲大陆的一个角发生了漂移，漂到了海中成为一个孤岛。在漂移过程中，有的部落漂到了海岸，有的部落被海水吞没。岛屿停止漂移时，上面只剩下了玛族人和相族人。两个部落世世代代都是冤家，连年发生战争，每次都以弱小的玛族的失败而告终。

相族人虽然在漂移过程中牺牲了一些人，但他们依然占据着绝对的优势。当玛族人因为和相族人同居孤岛而愁眉不展时，相族人却在举杯庆贺，因为对于他们而言，这个岛屿不存在着任何的威胁，小小的玛族人根本就不是对手。

与此同时，玛族人则在讨论如何打败相族人。当玛族成员七嘴八舌地献计献策时，有一个叫连天的人却向族长提出了不同的意见："我们为什么一定要与相族为敌呢？在大陆生活时，威胁我们的不仅仅是相族人，还有狮子、猎豹、老虎、狼。如今，生活在这个孤岛上，这些威胁都不存在了，只要相族人不主动与我们为敌，我们就没有必要去攻打他们。"

连天的意见得到了大多数成员的认可，也得到了族长的支持。

"其实，我们目前面临的矛盾，并不是与相族的矛盾，而是我们与自然的矛盾，这个岛屿的生存环境要比大陆恶劣得多，我们应该更多地关注脚下这片土地，而不是关注相族人的举动。"连天一边说，一边把他的研究成果展示给大家。最近在研究地壳运动和大陆漂移时，他发现孤岛有下沉的趋势。

"如果岛屿沉入了大海，即使打败了相族，我们也算不上胜利者。"族长看了连天的研究成果后，恍然大悟，当即成立了"发展战略部"，让族人日夜监测岛屿的动向。同时，还成立了"技术开发部"，让族人研究并制造大船，以备离开岛屿所需。

玛族的决定传到了相族人耳中，相族族长哈哈大笑道："真是杞人忧天，这么大一个岛屿，是说沉就沉的吗？我们可以在这里永远生活下去！哪还有比这里还舒适的地方？"相族的其他成员也这么认为。

时间很快过了两年，玛族人时刻没有放弃对岛屿的监测，也时刻在为离开岛屿做准备。有一天，负责监测岛屿的人跑来报告：岛屿突然加快了下沉的速度，原因是非洲大陆离岛屿最近的地方发生了强烈火山爆发和地震。

玛族上下下惊作一团，好在负责"技术开发"的人送来了好消息：迁离岛屿所需的大船全部制造完成，船的质量是当时全世界最好的。

事不宜迟，上知天文、下知地理的连天，急忙找族长商量说："三日内有大风暴朝大陆方向刮去，正是迁离孤岛的好时机。"族长当即下令：做好出发前的一切准备，风暴一来，就实施迁离行动。

逃离的时候到了，玛族族长出于善意，通知了相族人。每一个相族人都不以为然，还嘲笑说："哪里还有比这更好的地方？人呐，要学会满足，别像玛族人那样好高骛远！"相族族长不失时机地教育着家族成员。

第二天黄昏，风暴来了，玛族族长和部落的所有成员乘上 16 只大船出海了，最后，全部成功迁移到了非洲大陆。而数百名相族人则随着岛屿沉入了大海，做了鲨鱼的美食。

在现实生活中，很多人走向失败，常常不是因为外界给予的打击，而是因为自己选择安于现状，被舒适的陷阱困住了，如同故事中的相族人那样。"现状"不是大陆，而只是一座处于下沉状态中的小小岛屿。

做一只逃离舒适陷阱的青蛙

青蛙被开水烫死的故事，读者可能都听说过：如果你把青蛙放到热水中，它一定马上跳出来，但如果你把青蛙放到冷水中，然后非常缓慢地加热，它却不会跳出来，直到慢慢被烫死。

人何尝不是如此呢？我们总是习惯享受生活的舒适，却不知道舒适其实也是生活中的一种圈套。舒适的环境可以慢慢地磨灭人的意念和斗志。直到在你面临重大挑战时，你已经没有能力去把握。

也许你现在是一个青蛙王子，在职场中正春风得意，指点江山，率领你的团队向更高的目标冲刺；也许你是一个青蛙大臣，还处于金字塔的中间，正努力地爬向金字塔的高层；也许你只是一只初出茅庐的青蛙，正对未来充满憧憬，梦想着光明的未来。但是，不论你身处什么位置，你总是一只青蛙，仍然会遇到青蛙们可能遇到的各种危险。因此，无论在什么时候，你都不应该对这个故事不屑一顾，稍不留意，你就有可能变成温水中的青蛙。

作为青蛙王子，当你率领企业取得巨大成功时，应该庆功，可以暂时喘口气了吧？作为青蛙大臣，日常的工作闭着眼睛都知道怎么做，权利、业绩、收入都不错，可以放松一下了吧？作为一只新毕业的小青蛙，你如愿以偿地加入到一家大公司，基本上前程无忧了吧？当你有了这些想法，放松了对自己的要求时，就已不知不觉地滑入到了危险的水域中。

每个人都不想当温水中的青蛙，绝大多数人也自信满满，认为自己绝不会成为温水中的青蛙，但是作为青蛙，你大部分时间都需要在水中，你怎么能分辨得出哪部分水域安全，哪部分水域危险呢？何况安全都是相对的，随着环境的变化，原来安全的水域也有可能变得危险，你只有十二万分小心，才能避免陷入危局。因此，作为职场中的青蛙，既然你无法改变外部的环境，那么你只能改变自己，保持高度的警惕，随时注意环境的变化，水温一旦出现哪怕是微小的异常，就要立即进行分析，采取必要的对策。

这就是职场中的自我安全管理。为了能够继续生存下去，不断获得发展，不妨每天早晨大声地问自己一句：我是温水中的青蛙吗？

要学会做一只逃离舒适区的青蛙，可以从以下三个方面开始：

1. 从改变思维开始。不要被一些陈旧的思维所束缚，要改变自己的思维习惯，告诉自己正确的观念。

2. 摆脱习惯的牵引。很多人有许多非常不好的习惯思维模式和行为模式。比方说习惯睡懒觉，习惯说话不算数，习惯跟人吵架，习惯酗酒，习惯赌博。我们被习惯所牵引，可怕的思维习惯和行为习惯会毁掉我们的一生。

3. 积极，主动，进取。我们应该变得积极，变得主动，变得进取，这里非常关键的是，我们要学会做好准备，因为机会只眷顾有准备的人！

课堂总结

孟子曰："天将降大任于斯人也，必先苦其心志，劳其筋骨，饿其体肤……这其实就是告诉我们要远离舒适的陷阱，要不断让自己处于不舒适的状态，这样才可以有大的作为。国内有家顶尖的广告公司的宣言说得好："绝不做马戏团被驯化的老虎，宁做旷野呼啸的狼。"这应该是每个勇于进取的人所追求的境界。

你需要每天更新自己

这是一个更新的时代。电视节目，人们喜欢看新的；聊天，人们喜欢聊新闻。产品只有不断地更新，才能招揽顾客；世界纪录只有不断地刷新，才会魅力无穷。观念的更新，使人视野开阔；知识的更新，使人丰富；实践的更新，使人成功……正因为这一切的更新，才实现了社会的进步。时代唯一不变的就是变，生活每天都在变化中发展，在这个需要更新的时代，你必须每天更新自己，与时俱进，永不落伍。

学会忍受时间和生活的雕刻

有个人在山上巧遇仙人，但他并不知道对方是仙人。仙人请他去自己生活的地方游玩，在仙人的陪同下，他乐不思蜀地在仙宫、琼楼玉宇游玩了十天。终于按捺不住想家了，仙人于是将他送回了家。

当他回到家里时，却被家里面目全非的变化弄得目瞪口呆：曾经年轻貌美的妻子，已经变成满是皱纹的老太婆，而十天前还在呀呀学语的儿子，如今却已成为身强力壮的成年人了，曾经健在的父母也早已离开人世……

传说中有"天上一天，地上十年"的说法。这个人在天上虽然只待了十天，地上却过了十年，主人公因此才会产生时空错位之感。

这虽然只是一个神话故事，它却说明了一个道理：生活每天都在发生变化。生活唯一不变的就是变，生活每天都在变化中发展，在这个需要更新的时代，你必须每天更新自己。但是，改变却是痛苦的。为什么说改变是痛苦的？因为改变就意味着否定过去之我，甚至是彻底地改变过去的习惯，这个习惯既有行为上的，也有观念上的。说到改变的痛苦，一则寓言很好地说明了这一点。

同一座山上，有两块相同的石头，三年后却发生了截然不同的变化，一块石头受到很多人的敬仰和膜拜，而另一块石头却无人问津。后者极为不满地说道："老兄呀，三年前我们同为一座山上的石头，今天产生这么大的差距，我的心里特别痛苦。"另一块石头答道："老兄，你还记得吗？三年前，来了一个雕刻家，你害怕割在身上的一刀刀的痛，你告诉他只要把你简单雕刻一下就可以了，而我那时想象未来的模样，不在乎割在身上的一刀刀的痛，所以才有今天的不同。"

石头是如此，人是如此，企业更是如此。中国电信形象标志的改变就是典型的例子。它原来的标志本来就已经深入人心，但是原来的设计过于传统，明显跟时代有些脱钩，所以，中国电信决定改变原来的形象标志。但是改变是需要付出很大的代价的，据业内相关人士估计，不说让消费者接受新形象需要花费巨额宣传费用，仅仅是更换新标志，直接造成的损失就达 1 亿元之巨。

无独有偶，2006 年 6 月，米其林经典的品牌形象——轮胎人"必比登"在中国正式更名为"米其林轮胎先生"。为了适应中国的消费群体，他们敢于改变其百年的轮胎人形象的名字，这既需要智慧、胆识，更需要改变过程中的坚忍。

改变自己是一件很难很痛苦的事，因为打破自己定式的思维、生活习惯，需要勇气，需要承担来自各方面的压力。化蛹成蝶需要经历蜕变，而蜕变无疑是痛苦的，但改变又是与时俱进唯一的有效途径。

有念头，更要有计划和行动

改变的想法，每个人都有过，但是，有些人却自始至终都没有真正实现过。譬如说每逢到年底，人们觉得一年的收获不堪回首，于是就把希望寄托在下一年，希望明年努力一点点，薪水有一定的涨幅，职位有望提升。但是当明年成为过去时，他们才发现自己并没有真正的改变，于是，又把希望寄托在明年。明年复明年，明年何其多？就这样，他们在碌碌无为中度过了一生。

想要改变，不能仅仅只有念头，还必须有具体的计划和行动，而且还要有承受改变过程中带来的挫折感。记住，选择一条与众不同的人生之路，需要很大的勇气，沿途会遇到很多障碍、恐惧、自我怀疑和他人的否定。只有先克服它们，你才能过上一种真正属于自己的生活。

课堂总结 这是一个每天都在更新的时代，就像我们的电脑一样，需要每天更新、升级，以便更有效率地为我们工作。人也是如此，面对日新月异的变化，唯一不变的规则就是以变应变——每天都要吐故纳新，摒弃旧思想，吸收新知识，让自己与时俱进，持续发展。

第 5 课

行　动

好工作何来？对于如何获得好工作，行动之前难免都会顾虑重重。但是方法总比问题多，而最好的办法无疑是赶快付诸行动。

选对池塘钓大鱼

找工作就像钓鱼一样，必须要到鱼多的池塘里去钓。钓鱼不在于池塘的大小，而在于有鱼无鱼，池塘再大，如果没有鱼，也是枉然。而所谓的好工作，和选择池塘一样，必须能够实现"钓到鱼"的梦想。好工作又与好公司、好老板密不可分，说到底，找到好工作，就是要选择好公司和好老板。

挑选好一口池塘：选择好公司

我们在求职时，首先想到的是好工作。而好工作却出自于好公司，也只有好公司，才能为优秀的人才提供施展才华的平台。那么，什么样的公司才能够称为好公司，是知名公司？是大公司？还是外资公司？社会上对于公司的划分有很多标准，有的按资本构成，有的按规模大小，有的按行业特点……就像本书前面所说的，好公司各有各的标准，不过好的公司必须具备以下几种特征：

● 好公司让员工有充分的信任感

这意味着一方面好公司的管理层有能力、有水平使得员工信任；另一方面公司重视员工个人的创造力和贡献，一切以员工的能力和业绩来说话，并给予每个人平等竞争的机会和公正的回报。

● 好公司有友好，和谐的工作环境

如果一个公司的员工之间关系紧张，那么大家很难开展工作，更不用说热爱公司了。和谐的关系，体现在团队的合作上。如果公司人才济济，且具有良好的合作精神，自然你就有更多的学习机会。另一方面，和谐的环境，还包括个人与企业文化的契合。正如员工个人一样，每家公司都有自己的气质，有的公司标榜传统，有的公司则标新立异，所以你必须选择与你气质相符的公司。

● 好公司使员工自豪满怀

如果员工都能为自己的工作自豪，那么这个公司必然有极强的凝聚力，即使遇上困难或挫折，员工和管理层也会同心同德地携手走出阴影。此外，如果公司是行内的典范，具备良好的品牌形象，也会使员工具有自豪感。哈佛毕业生凭毕业文凭就可以向银行贷出五六十万美元，因为银行信任哈佛的教育能力，这就是业界模范的力量。同样，如果你在微软、惠普或是海尔工作过，别人也会对你另眼相看。

● 好公司有良好的工资和福利待遇

好公司不会担心你拿的报酬多，他们提供的薪水会让你的自尊心得到满足，也会让你的价值充分体现出来，还能够让你的聪明才智充分发挥出来。另外，好公司也提供完善的福利待遇，他们用此留住真正优秀的人才。

● 好公司有较多的培训机会

好公司十分重视员工培训，每年都会拿出一定比例的费用专门用于员工的培训。对企业而言，给员工培训的机会并不是施恩于人，而是公司未来的生存之道，真正有远见的企业往往对员工教育这个理念深信不疑。对员工而言，从工作和培训中拓宽视野，积累经验，掌握真正的工作能力和本领，可能比现实的收入报酬具有更大的吸引力。

● 好公司具备完善的制度管理

好公司有比较完善的制度，一切都会按章办事，奖罚分明。你犯什么错误，就会有什么样的惩罚，不会因为一点小错误，就将一个好员工辞退。通常好公司的人力资源部都会有一套完备的人员晋升制度，只要你有真才实学，不怕得不到晋升。

以上是我们最为理想的好公司的一些特点，但说到底，公司不论大小，适合你的才是最好的，过于追求公司的规模、行业地位以及好的待遇和福利，这是对好公司的误读。真正的好公司具有很强的针对性，不同的职业规划和人生追求的不同阶段，对好公司的理解也会有所不同。因此，要经过多方分析后，再决定最合适自己的公司。

好老板：成长路上的好教练

老板总是与公司密切联系在一起，这里所说的老板，不仅仅是指企业的投资者，高层管理者，譬如公司的 CEO、总经理之类的，还包括分公司经理、部门经理、业务主管等等。

找工作时，老板有权选择员工，同样，员工也有选择老板的权利。选择一位值得追随的老板，是个人前途的最大保证。俗话说，良师出高徒，老板即教练，从某种意义上讲，教练的好坏可以决定队员的成败。

记得有位著名企业家说过类似这样的话：一个运动员的成功，关键在于他和什么样的教练在一起。在中国的传统观念中，历来有贵人一说，而好的老板无疑是你一生中最大的贵人，他会潜移默化给予你积极的影响，让你获取更多的能力和信心。

反之，如果你遇到的老板不是那种慧眼识英才的人，看不到你的能力和贡献，甚至毫无道理地打压你，就会让你的内心产生一种失落感，丧失对工作的信心。

一生中能允许你有几次错误的选择呢？如果你遇人不淑，刚刚踏入社会就连换三五份工作，成功的机会便大大降低了。慎选可以追随的老板，是人生少数几个最重要的个人决策之一。

这样的老板不值得跟随

好老板没有唯一的标准，但是糟糕的老板却有迹可循。有些糟糕的老板，性格、言行举止存在着很大的缺陷，这样就导致他们在管理上的短视与偏见，以及为人处事方面的消极态度。这些消极的因素，会潜移默化影响你的成长，阻碍你的发展，更为致命的是，还可能会带给你一生的后遗症。如果你遇到这样的老板，不要抱怨自己的不幸，大胆跟他说再见吧，千万别为了所谓的饭碗强忍下来，这样你会得不偿失。下面几种老板是切不可跟随的：

● 没有成功经验的老板

如果你的老板在商场已闯荡多年，却没有一次真正成功的经验，而他却经常沾沾自喜。此时，你应该开始怀疑自己的选择了，应该仔细探讨他多次失败的原因。一个没有成功经验的老板，你怎能肯定他这一次一定会成功，除非你能给他带来好运。

● 管理过于宽厚的老板

过于宽厚的老板，一般会给员工宽容、好说话的感觉，因为即使看到部下工作没有及时完成，或出了差错，他也睁只眼闭只眼。但我们千万不要把这种"好说话"当作善意，事实上，这种"善意"只会让我们放任自流，最终斗志丧失，走向失败的深渊。

● 事必躬亲的老板

这样的老板把自己当作超人，大小事一人包揽，根本不给下属独当一面的机会。如果你不希望永远待在一家名不见经传的小公司，便最好选择一位懂得授权的老板，只有这样，你才能真正得到成长。

● 不懂得取舍的老板

天下没有白吃的午餐。又要马儿好，又要马儿不吃草，这种老板只能称之为不知取舍。鱼与熊掌都想兼得，通常是二者都得不到。成功的老板应该懂得什么叫放长线钓大鱼，有所取，有所舍，是成功老板必须具备的一个条件。如果你的老板一直无法克服这个痛苦，那便是你该三思的时候了。

● 朝令夕改的老板

这种老板优柔寡断，缺乏耐心。你花费许多时间所策划的方案，他在实行三天之后就可以将之取消。或者花费数个月酝酿的计划，往往因为访客的一句话而告全盘推翻。更令人沮丧的是，根据老板指示而做成的计划，往往搁在老板的抽屉里石沉大海。

你会发现，公司上上下下都很忙，忙着收拾残局，忙着挖东墙补西墙。老板则一天到晚都在提出新药方，但他永远不会相信，有些疾病只有时间可以治愈。

● 喜新厌旧的老板

喜新厌旧的老板，很难留住人才。他一般在你进入公司后，就在你面前数落一些资深员工的不是。这类老板不能客观地评估员工的绩效，对员工的要求过于苛刻，不得民心。

● 言行不一致的老板

这样的老板说的是一套，做的却是另一套。他们往往喜欢承诺，装出一副体恤下属、赏罚分明的样子，但他们所承诺的却从来没有兑现过。

课堂总结

演员没有舞台，表演就变得不可能；人才没有平台，就只能怀才不遇。在工作的舞台上，我们都是一个舞者，舞台的好坏，决定着我们能否有出色的表演。所以，一定要选择一个好的舞台，跳一场精彩的人生之舞。

曲线就业，也可找到"好工作"

有哲人说过，人生如小溪，有起伏，有曲折，才会激起那么多美丽的浪花，才会一路欢歌蜿蜒入大海。工作也是如此，如果你的梦想是大海（理想的工作），而你自身却是小溪（有限的自身条件），那么实现汇入大海的目标，必须经过一段很长的路程才能实现。

曲线就业战略：先就业，再择业

综观现在就业的严峻形势，如果自视过高，一味抱着与理想工作一步到位"的观念，你的就业路子就会变得越来越窄，甚至变得不可能。因此，求职者应该转变"择业"的传统心理，树立正确的就业观，把自己放在一般社会就业者的层面上，用积极的心态面对挑战，用真正的实力在社会上站住脚。在具有了一定的社会经验和实践能力后，再去选择自己理想的工作和环境，这样做相对"一步到位"的高期望来说就容易得多。

据报道，在一次大学毕业生双选会上，在一家招聘球童的高尔夫球会咨询台前，领取报名表的学生络绎不绝。尽管月薪仅有 700 元，而且仅限相貌端正的女生，但还是有近百名学生应聘。

在被记者问到为什么选择这份工作时，其中有这样的回答："打高尔夫的人大多是成功人士，我可以通过当球童与他们打交道，可以学到很多社会常识，从而有可能实现从大学校园到社会的转型。进一步讲，大学生在当球童的同时，还可能通过接触成功人士，获取意想不到的就业机会，这岂不是好事？"

职业无贵贱之分，但机会无处不在。有良好素养的大学生，完全有可能在当球童时重新获得就业的机会，这种"曲线就业"无疑是明智之举。

曲线就业战略：小地方也有大发展

有人对在大城市和小城市里工作了几年的大学毕业生作了对比和分析，结果发现：在大城市里发展的学生，通常是公司相对底层的职员，浮沉不定，而且看起来并没有太大的晋升空间；而选择去小城市的学生，月薪往往稳步上涨，要么扶摇直上，要么独立创业，步入或靠近了精英阶层。

当然，我们不能因此就说小城市里的生活就比大城市好，但从另一方面也说明，小城市里同样潜藏着巨大的机会。

对某些人而言，大城市虽然机会和挑战更大，但是因为竞争激烈，往上爬并不是很容易的事情；小城市平台虽不大，却给人才留出了较大的发挥空间。

就像大多数人倾向于大城市一样，大公司也是很多求职者的首选。一些规模尚小、尤其是新兴的公司，往往难以引人注目。

可是，我们必须要用发展的眼光来看待。大公司都是从小公司发展而来的，譬如现在赫赫有名的苹果公司，就是从一家杂货店起家的，许多大公司也都经历了从小到大的发展历程。

课堂总结

直着走不行，就绕着走，看似无奈，实为变通之举。想当年共产党走农村包围城市的革命路线，虽然历经了曲折，却是最伟大的战略。人生从来就不是平坦大道，找工作也是如此，一点挫折、一点失败、一段弯路，反而是对我们的砥砺，使我们的人生更精彩。

"知己知彼"才能觅得"好工作"

由衷喜欢这样一句格言：我们都是上天制造的完美产品，只是上天在制造我们的时候，忘记了留给我们使用说明书。如果把自己当一样产品来看待的话，那么，我们对自己的性能、优点必须有清晰的了解；此外对于我们的顾客（目标企业、老板），也要有足够的认识。做到"知己知彼"，才能把自己成功地推销出去。

工作"神投手"的秘诀

已有六年工作经验的安芝在职场中也算是个幸运儿。8 年前，她从国内一所名牌大学毕业后，便顺利地进入苏州的一家日资企业担任电子产品的技术工作，从没有日语基础到口语流利，她付出了比别人更多的努力。

两年后，安芝凭着日企工作经验回到上海打拼，先后又在两家日资贸易公司担任总经理助理和技术翻译的职位。虽然放弃了原先的技术工作，但是安芝感到很满足："我的性格偏向文静，平时也喜欢看看书，从事文案工作可能更适合我这样的女孩子。"

几年后，当她再度考虑跳槽时，一家知名医药公司招聘技术翻译的信息，让她产生了很大的兴趣："我与这个职位十分匹配，日语、技术贸易经验以及海外培训经历等等都相当有优势，因此从发出简历的那一刻，我就有预感会成功。"果然，在 15 天后，她得到了面试通知，一个月不到便被正式录用。

朋友们都戏称她是"神投手"，投简历向来都是一标中的，难道真的是她运气特别好吗？其实不然，安芝告诉朋友，她的每一次求职都是结合工作经验和个人优势，有目标性地去选择职位。这样的求职方式或许会多花费一些时间，但是一般能够找到合适的工作。她始终相信一条黄金定律："自身条件与职位要求有多大的匹配度，你的成功机率就有多大。"

找到好工作，从认识自己开始

从了解自己入手，然后才能有针对性地开展求职行动。俗话说："没有不合格的，只有不合适的。"如果眼光只盯着热门行业或高薪职位而不顾个人自身实际，只能是作茧自缚，缘木求鱼。所以，拨开迷雾、认清自己，才是最关键的。

自我分析，既包括心理学层面的客观评价，也包括对以往经历的价值点评估。这些信息实质上是进行个人职业定位的重要元素。比如个人的人格特征、性格特点和兴趣类型等，对于确定个人的职业基本方向有着核心指导意义。另外，要对个人的以往教育、工作情况进行详细分析，要从以往的职业行为中获取职业价值点。然后根据个人实际情况，整合个人的专业技术、学识、能力和工作与行业经验等，在客观的职场中寻找到适合个人兴趣、认可个人职业价值的职种、职位。这个复杂的流程才是真正科学客观的职业定位。

调查招聘单位的一切信息

一个对招聘单位一无所知的求职者，面试时必遭失败。例如，有位学市场营销专业的男生，满怀信心地去应聘美国在广州投资兴办的雅芳公司的销售人员，他原以为"雅芳"仅仅是这家公司美丽的名称而已，根本不知道"雅芳"是女性化妆品的注册商标。因此，在面试中被问他为何应聘该公司时，他不假思索地回答说："我喜欢'雅芳'。"严肃的主试人忍俊不禁，该君也因此败北。

因此，要尽可能了解招聘单位的相关信息，譬如公司的性质、背景、行业、产品、企业文化等等。另外，对招聘单位的内部组织、员工福利、一般起薪等也应该尽可能了解清楚。通过了解这些信息，不仅有利于判断这家公司是否有前途、有发展，而且还可以为自己在面试中增加一些筹码，提高面试成功的几率。

● 全面了解公司的基本信息

面试前可以通过各种途径，了解应聘公司最基本的信息，包括公司的发展历史、企业文化、规模、产品、服务特性、市场体系、经营管理机制、发展战略、财政运行情况、人事状况、市场竞争对手等等。如果是外企，至少要了解这个公司来自哪个国家，何时进入中国，目前国外员工和中国员工已经有多少，国内已经有多少个分公司、代表处或者工厂，公司主要生产什么产品，公司旗下有多少个不同的品牌等等。

● 了解公司的发展前景

选择是双向的，如果在调查中，你觉得公司不适合你，就应该趁早打消进入的念头。无论你如何优秀，如果搭乘泰坦尼克号，能否平安上岸，还得靠运气。因此，把自己和一个注定失败的公司绑在一起，是不值得的。

要判断一家公司是否有发展前途，可从以下几个方面入手：公司从事的行业是否有前途？公司的经济状况如何？公司员工的精神状态如何？公司的人员素质如何？公司的管理水平如何？公司的企业文化如何？等等。获取信息的途径很多：网络、杂志、报纸、媒体，当然，有条件的话，你也可以实地去考察，亲自感受一下，这样有利于你对这家公司作出更客观的评价。

● 调查公司的行业

了解行业就是了解公司的背景，对它的背景了解得越多，对这家公司的定位就越清晰。消费品行业比较贴近生活，大家比较容易了解，但是大部分行业都是需要搜寻相关信息的。

如果花点心思，从各大新闻媒体的展会报道、行业报道中，你可以搜集到大量的信息。你会发现除了世界 500 强的企业，市场上还有很多在某些领域具有竞争优势的公司。同时，从这些行业分析中，你也会知道所应聘公司的竞争对手情况，国内公司与外资公司的市场竞争状况等等。

● 了解行业所处的市场大环境

了解现在这个行业总体处于什么发展阶段：萌芽期、发展期、成熟期还是衰退期。

任何行业都处在发展和变化之中，不同时期会有不同的状况。新技术的诞生，可能会使某些行业慢慢被市场淘汰，也会使另一些行业蓬勃发展。国家政策、汇率变动、国际贸易等因素，也会直接影响到某些行业的生存与发展。对宏观大环境有所了解，对行业的把握会更准。

网络是目前搜寻信息最便捷和有效的方式，书刊杂志、电视、电台也是获得信息的良好途径。如果认识相关行业的资深人士或从业人员，对拿到第一手信息也非常有帮助。

● 了解应聘的职位信息

对于所应聘的职位，一定要仔细看清楚该公司对这个职位职责的描述，以及对这个职位的要求。根据这个职位描述，把自己的长处和不足有针对性地做一下分析，这样，面试的时候心里才有底。很多人在应聘时，常常被主试人问住，其原因就在于对自己应聘的职位没有详细的了解，更没有想过具体的应对方式。一问三不知，主试人自然把你拉入"黑名单"。

● 收集主试人的相关情况

首先要打听主试人的姓名，并且要会正确地说出他们的姓氏。如果主试人是外籍人员，有时候他们的名字很不容易发音准确，宜在词典中查出其准确的发音。然后要尽可能了解到主试人的性格、为人方式、兴趣、爱好，他的背景如何？近期生活中有什么重大变故？在变故中他是什么心境？你和他有何共同之处？你们是否有共同认识的人？只有对主试人的情况了如指掌，才能投其所好，给他留下良好的第一印象，你才能在面试时易守易攻，自始至终立于不败之地。

课堂总结

　　每个人一生都在做的事情，就是推销自己。而找到一份好的工作，就是一生中最重要的推销。在求职中，如果能够做到"知己知彼"，好工作就会手到擒来。

借助你的人际关系网

　　据统计，绝大多数的工作机会并非是通过报纸、媒体的招聘信息以及人才市场获得的，而是通过人际关系网找到的。如果你留心调查一下，你会发现身边的很多朋友和同事都是通过这种方式找到工作的。

求职，别小看了人际关系

　　很多人之所以认为工作难找，是因为他们忽视了借用人际关系的力量。

　　世界高科技公司屈指可数的女总裁西蒙说过："你要问我，人际关系对于找工作有多重要，我将这个重要性评为五星级。"她建议说："年轻人在找工作时，必须到处打听，让大家都知道你在找工作，通过关系引荐而找到工作的人实在是不计其数！很多空缺的岗位并没有公开。这些不难理解……"

　　一项权威的统计，证实了西蒙的观点。据统计，65% ~ 90% 的工作机会是通过人际关系网络找到的。人际沟通可以帮助你在显现的以及隐蔽的人才市场上找到合适的工作机会。

　　人际关系网络可以为求职者带来很多好处，这些好处主要体现在四个方面：

第一，通过这种方式找到工作的人，普遍更满意他们的工作，并且拥有更高的工资。如果按照传统途径找工作，求职者就只能在两个极端寻找工作机会。因为传统招聘形式提供的是那些低工资、无技术要求或是高工资、高技术要求的工作职位，而通过人际关系寻找工作则避开了这两个极端。

第二，降低了被欺诈的几率。传统招聘形式可能存在欺诈，很多工作是不存在的，或是在广告没有登出前职位就已经满额了，还有的只是招聘公司的一种另类的广告形式。

第三，规避了大材小用的风险。传统招聘登出的广告所列明的要求，往往明显地高于其工作职位的实际要求。当人们以其要求应聘时，往往导致大材小用的现象发生。

第四，可能会缩短试用期，更可能得到公司的重用。招聘方之所以录用你，一方面是出于对你能力的认可，另一方面，可能就出于对介绍人的认可。他们相信"物以类聚，人以群分"的道理，他们在认同介绍人的同时，也就会认同他推荐的人。有了这种认可和信任，招聘方就可能会缩短你的试用期，给予你更多的表现机会。

总有一些人认为，靠自己找到工作，才能显示出自己的能耐来，认为利用人际关系找工作似乎不太光彩，因而即使找不到工作也不屑利用人际关系。其实这种观念有失偏颇，因为个人的能力毕竟是有限的，任何时候都要懂得利用别人的力量。因此，任何时候，我们都不能小觑了人际关系的作用。

发挥人际关系的效用

在这样一个越来越讲究合作的时代，没有人可以离群索居，每个人都存在于一定的圈子中，这个圈子就是自己的人际关系网。人际关系网不仅包括你工作当中的同事、上司、客户、同行，生活当中的家人、亲戚、同学、师长、恋人，而且还包括他们的一切朋友。一句话，一切可以跟你扯上关系的人。

关系网找工作，有的时候并不需要太费心，只须留心一点就行，甚至带有某种戏剧性。有位叫陈明丽的推销员就是在与她的一位客户交谈中，无意获得到一家大公司上班的机会。

陈明丽想进入某家大公司工作，可是一直没有机会。她与一个关系不错的客户无意中谈起此事，问他是否知道那家大公司是否在招人。没想到这个客户刚好跟那家公司的上层很熟，很快，他就给了陈明丽答复，要她去跟大公司的老板谈谈。那家大公司当时正打算增设一个新的工作职位，老总觉得陈明丽是这个职位的合适人选。在进行了一次面试和一些商谈之后，陈明丽被聘用了。

人际关系对找工作如此重要，那么，应该如何利用人际关系呢？根据经验，可以分三步走：

第一步，恰到好处地让朋友知道你要找一份什么样的工作。首先花一点时间，仔细想想哪些人可能对你找工作提供帮助，并列出他们的全部名单。然后想办法告诉他们你正在找工作。为让他们有思想准备，你可以告诉大家，你曾做过什么工作以及打算找什么工作等，最好的办法莫过于给他们一份你的工作简历。

第二步，认真处理各方推荐的工作。朋友们介绍的工作未必都适合你，但不管适不适合，都要对朋友心存感激。当然，如果对朋友推荐的工作不满意，也要委婉地表达出来。

第三步，要认真对待你感兴趣的工作。在推荐人的推荐下去应聘，把握会大许多。应聘成功后，要对为你找工作作出努力的朋友表示深深的谢意，万不可"恋爱成功忘记媒人"，否则下次没人肯帮助你。

利用"六度分隔"找到工作的拍板人

你可能非常想要获得某份工作，但是，要想得到这个工作机会，你就必须找到与招聘经理进行直接对话的途径。也许，你会觉得这很难，

·

但一切皆有可能，而且你与这位招聘经理的距离可能比你想象的要近得多，你获得这份工作的机会可能性也比你想象的要大得多。因为有一个"六度分隔"理论，可以让你来建立这种联系。

"六度分隔"理论指出：任何人都在一定程度上与某人有某种联系。美国的心理学家 Stanley Milgram 指出，最多通过 6 个人，你就能够认识任何一个你想认识的陌生人。

记得几年前一家德国报纸接受了一项挑战，要帮法兰克福的一位土耳其烤肉店老板，找到他和他最喜欢的影星马龙·白兰度的关联。结果经过几个月，报社的员工发现，这两个人只经过不超过 6 个人的私交，就建立了人脉。原来烤肉店老板是伊拉克移民，有个朋友住在加州，刚好这个朋友的同事是电影《这个男人有点色》的制作人的女儿在女生联谊会的结拜姐妹的男朋友，而马龙·白兰度主演了这部片子。

从上面的案例分析，"六度分隔"理论对现在正在寻求机会的求职者有着重要的意义，而且它告诉我们：要找到工作的拍板人，也许通过朋友的帮助就能够做到。但是，如果要通过这种途径来获得帮助，你的目标就必须更为明确，下面三个基本的步骤需要引起足够的重视：

第一步，你要明确自己理想中的工作是什么，在确定了第一目标之后，再为自己确定两到三个备选目标。

第二步，确定工作职位的具体名称。为了做到具体，你可能还需要对自己理想的求职公司中的某些具体工作职位进行研究和分析。

第三步，动用自己的联系网络，包括你工作和生活中所结交的朋友。你要充分地利用所有已知的具体信息，包括公司的名称、位置、工作职位以及具体的工作部门等，然后向你联系的朋友提出一些问题，例如："你有没有哪个认识的人，曾经在我想要求职的这家公司工作过？"

总之，要尽可能地扩大联系网，因为有的时候，仅仅是一条信息就可以帮助你得到面试的机会。

课堂总结

实践证明，一个人的成功，专业知识只占15%，而人际关系却占了85%。从这一点来分析，也可看出人际关系网在找工作中发挥着多么重要的作用。《红楼梦》中的薛宝钗说得好："好风凭借力，送我上青云。"一个人的能力和精力都是有限的，借用朋友的力量，可以达到四两拨千斤之效。

全面包装，轻松闯过"面试关"

在求职的过程中，面试可谓其中最重要的一关。过了这一关，求职成功也就成了定局。职业竞争的加剧，使得求职者对在短短十几分钟面试中能否充分展示自己越来越重视——精心设计简历，用心挑选服饰，有人甚至走上手术台"改头换面"。这的确是一个包装的时代，但面试中的包装不仅只是外表形象方面，还包括简历、自我介绍、交谈技巧等方面的包装。只有做到全面包装，你才可轻松闯过"面试关"。

好简历：赢得机会的开路先锋

现在很多的公司都避开见面，而是要求先看简历，通过简历来决定是否给予求职者面试的机会，由此可见简历对赢得工作机会的重要性。简历的好坏，决定了你是否有面试机会，因此，好的简历是赢得工作的开路先锋。下面是打磨一份好简历需要注意的几个方面：

● 语言要言简意赅

好的简历，言简意赅，语言清晰，逻辑性强。有些简历写得拖沓，人家看了好几页，却不知所云。这样的简历，淡化了招聘方对主要内容的印象，不但让人觉得你在浪费他的时间，还可能得出你做事不干练的结论。另外招聘人员时间宝贵，不可能花很多时间在你冗长的简历上，拖沓的简历只会增加他的反感。所以，简历要尽可能简明扼要，多用短句，每段只表达一个意思。最好一张纸明确写清楚三个方面的问题就行了：一是为什么申请这份工作；二是为什么说你适合这份工作；三是未来你怎样为公司作贡献。

● 用词准确，不要滥用

有些简历，一开头就写得"火辣辣"的，对公司如何仰慕，如何关注该公司，有的则高喊口号表决心，譬如"给我一个支点，我将撬起地球"、"给我一个机会，我会还你一个惊喜"……这样煽情的话，就像谈恋爱时第一次见面就冲上来做肉麻的表白，结果只会适得其反。因此，在简历中，溢美之词一定要用到"坎儿"上，大话、空话不能有。

● 强调成功经验和专业技能

调查显示，很多的招聘经理在第一轮筛选简历时，最注意的往往是那些有专业技能和成功经验的人。因此，在简历中，你要重点强调你以前的成就和相关技能。回顾以往取得的成绩，对自己从中获得的体会与经验加以总结、归纳。你也可以附加一些成绩与经历的叙述，但必须牢记，经历本身不具说服力，关键是经历中体现出的能力。短短一份"成就纪录"，远胜于长长的"工作经验"。

● 内容应重点突出

由于时间的关系，招聘人员可能只会花短短几秒钟的时间来审阅你的简历，因此你的简历一定要重点突出。求职者应根据企业和职位的要求，巧妙突出自己的优势，给人留下鲜明深刻的印象，但注意不能简单重复，这方面是整份简历的点睛之笔，也是最能表现个性的地方。应当深思熟虑，不落俗套，写得精彩，有说服力，而又合乎情理。

● 简历设计要有针对性

一般而言，对于不同的企业、不同的职位有不同的要求，求职者应当事先进行必要的分析，"量体裁衣"特制一份简历，以表明你对用人单位的重视和热爱。

● 突出自己的与众不同

一家企业经常会收到雪片一样多的简历，如果你的简历没有个性，是很难脱颖而出的。有些简历，强调自己涉猎广泛，兴趣多多，无所不通，但效果并不好，因为几乎所有的人都在这样做。相反，有的人只写他成长过程中的一个故事或一段经历，隐含了他与众不同的性格和才能，招聘者感到好奇，就留给他一个面试的机会。

● 传递有效信息

写简历的过程中，你应该向用人单位传递一些有效的信息，这些信息包括：表达自己明确的奋斗目标、体现自己强烈的工作意愿和团队协作精神、表达出你的诚恳。

形象是你最漂亮的名片

求职时，借助一定技巧，将自己的内涵和气质充分展现出来，是一门艺术。要达到这个目的，在接受面试前，必须对自身形象认真设计一下，使自己的形象完全符合一个求职应试者应有的风貌。只有这样打造你这张漂亮的名片，才能最终打动主考官的心。

我们先来看看外表形象设计上需要注意的事项。外表形象上的设计主要从服装、饰品、发型等方面考虑。

服饰要求因人而异：男女有别，职位有别。男生应聘时，最好西装革履，配上硬领衬衫，系上领带，显得潇洒、干练。面试前一天要好好洗个澡，以免身上散发出浓重的体味，面试前忌吃气味重的食物，忌酒。相比之下，女生的服装比较灵活，每位女生应准备一至两套较正规的套服，以备去不同单位面试之需。女式套服的花样可谓层出不穷，每个人可根据自己的喜好来选择。打扮的原则是，针对不同背景的用人单位选择适合的套装，必须与准上班族的身份相符。不管什么年龄，剪裁得体的西装套裙总使人显得稳重、自信、大方、干练，给人"信得过"的印象。穿上得体的服饰，还可佩戴一些画龙点睛的装饰品，适当地搭配一些饰品无疑会使你的形象锦上添花。

眼睛是心灵的窗户，恰当的眼神能体现出智慧、自信以及对公司的向往和热情。面试时，求职者应该礼貌地正视对方，但应避免长时间凝视对方，否则易给人咄咄逼人之感；目光可三秒钟移动一下，注视的部位最好是考官的鼻眼三角区；目光平和而有神，专注而不呆板，眼神不要因紧张而飘忽不定，切忌斜视、下视、仰视，更不能有飘荡、心不在焉甚至挑逗的眼神。

面试时，这样说话最有效

如果说外部形象是面试的第一张名片，那么语言就是第二张名片，它客观反映了一个人的文化素质和内涵修养。求职者在面对考官的时候，该如何介绍自己呢？该如何回答考官的一系列提问呢？其实关键不在于你敢不敢说，而是在于怎样说才最有效果。下面是让你的面谈发挥效用应该注意的几个方面：

● 有明确的职业规划

面试中，经常会遇到主考官提出这样几个问题：你如何看待这个职位？怎么理解工作内容？你的职业目标是什么？对于这些问题的回答，求职者必须胸有成竹。这表明你是一个有明确职业规划的人，这种应聘者是最受企业欢迎的。切忌"你看我适合干什么"或者"这几个职位我都可胜任"这样的回答。你可以用询问公司的培训制度、晋升制度、员工规则等，来代替直接询问"薪酬福利"、"是否加班"这些略带功利性的问题，以显示自己的长远眼光。

考官提问说："我想请你担任某个业绩差的部门的主管，在你之前已有五位主管离任了。请问你该如何做？"应聘者们大多滔滔不绝地讲述了自己的营销方式和管理经验，只有一位回答说："我会和前五位主管沟通，将他们的经验和教训一一总结。"

如今的面试问题已不再局限于工作内容的阐述和专业性问答，特别是针对高层领导的面试，更多的是考核求职者的智慧和应变台旨力，这时一个充满智慧的回答往往能让你脱颖而出。

● 充分展示自我，并表达对工作的强烈渴望

一个普通的女大学生应聘教师职务，校长问她为什么当教师？她回答说："小时候我曾有过一个梦想，那就是我要成为一个伟人，后来这个梦想没有实现。于是我又有了一个新的梦想，就是我要成为伟人的妻子，然而这个梦想也破灭了。现在，我产生了第三个梦想，那就是我要做伟人的教师。"她当即被录取了。

面试时，在向用人单位自我推销的同时，不要隐藏自己对这份工作的极大热忱和兴趣。在面试中，适当流露出自己对用人单位的赞赏也是十分必要的，有时还可以就该单位业务方面谈谈自己的看法。

● 有礼貌地告辞，并及时表达谢意

在临近面试结束时，仍应彬彬有礼地说出自己的直接感受，强调对这次面试机会和主持人的感谢，并有礼貌地告辞。如："今天能有这个机会向您当面请教，我很感激。""非常感谢这次谈话，但愿不久的将来能被录用，为贵公司服务。"回家之后，可马上写一封短信给面试主持人，表达同样的感谢之意，以加深他的印象。

● 面谈要不卑不亢

说话要不卑不亢，给人谦虚、诚恳、自然、亲和、自信之感，切不可言过其实、自卑、自负、哀求或过度恭维。"我从原单位辞职，决定破釜沉舟，干一番大事业"，这样自负的话会吓到面试官；"我父母下岗，家里全靠我支撑，请给我一次机会"，这样哀求的话也不可取，因为企业挑选人是为了创造价值而不是施舍，过分谦虚自卑，会给人没有主张、懦弱胆怯的印象。

当然，语言能力不是一蹴而就的，平时要注意积累，不断培养自己的倾听能力、思维能力、记忆能力和联想能力。

课堂总结

有人是这样形容面试的："这是一个两分钟的世界，你只有一分钟展示给人们你是谁，另一分钟让他们喜欢你。"因此，我们要把面试当作一件极其重要的事情，把能考虑到的各种情况都加上，不要奢望着下一次，要把这第一次当作唯一。不打无准备的仗，只有对自己进行全方位的包装，才能征服主考官，赢得好工作。

找工作，办法总比困难多

就业难，这似乎是不容辩解的事实。但另外一个事实就是，总有人能够攻克种种困难，轻松获得他想要的工作机会。对此，也许有人会说他运气好一些。一次两次是运气，屡屡得手还是运气吗？退一步讲，就算是运气，那么好运为何只垂青于他，而不是你呢？究其原因，还是方法问题。以下这些别开生面的"谋"职法，相信能够给读者一些启示和借鉴。

弯腰，是为了更好地晋升

一位留美计算机博士学成后在美国找工作。有个吓人的博士头衔，求职的标准当然不能低，结果，他连连碰壁，好多家公司都不录用他。想来想去，他决定收起所有的学位证明，以"最低身份"去求职。

不久，他就被一家公司录用为程序输入员。这对他来说简直是高射炮打麻雀，但他仍然干得认认真真，一点儿也不马虎。不久，老板发现他能看出程序中的错误，不是一般的程序输入员可比的。这时他才亮出了学士证，老板给他换了个与大学毕业生相称的工作。

过了一段时间，老板发现他时常提出一些独到的有价值的建议，远比一般大学生要强，这时他亮出了硕士证书，老板见后又提升了他。

再过了一段时间，老板觉得他还是与别人不一样，就与他深入沟通，此时他才拿出了博士证。这时老板对他的水平已有了全面的认识，毫不犹豫地重用了他。这位博士最后的职位，也就是他最初理想的目标。

这个博士的办法是聪明的，他先降下身份，让别人看低自己，然后寻找机会全面地展现自己的才华，让别人一次又一次地对他刮目相看。如果刚一开始就让人觉得你多么的了不起，对你寄予了种种厚望，可你随后的表现让人一次又一次的失望，结果会被人越来越看不起。这种反差效应值得求职者注意。

俗话说：退一步路更宽。这里所说的退是另一种方式的进，暂时退却，养精蓄锐，以待时机，这样的退后，再进则会更快、更好、更有效、更有力。就像先缩再打出去的拳头才有力量一样，直线进取不成，后退一步曲线再进，反而更容易达到目标。

注重小节的人机会多

美国福特公司名扬天下，不仅使美国汽车产业在世界占据鳌头，而且改变了整个美国的国民经济状况，谁又能想到该奇迹的创造者福特当初进入公司的敲门砖"竟是"捡废纸"这个简单的动作！那时候福特刚从大学毕业，他到一家汽车公司应聘，一同应聘的几个人学历都比他高，在其他人面试时，福特感到没有希望了。当他敲门走进董事长办公室时，发现门口地上有一张纸，于是他很自然地弯腰把它捡了起来，看了看，原来是一张废纸，就顺手把它扔进了垃圾篓。

董事长把这一切都看在眼里。福特刚说了一句"我是来应聘的福特"，董事长就发出了邀请："很好，很好，福特先生，你已经被我们录用了。"

这个让福特感到惊异的决定，实际上源于他那个不经意的动作。从此以后，福特开始了他的辉煌之路，直到把公司改名，让福特汽车闻名全世界。

无独有偶，某学校招聘教师，想通过试讲从几名应聘者中选出一名，几位应试者都做了精心的准备。

铃声响了，一个个试讲者微笑着走上讲台。师生互相致意后，开始讲课。导入新课、讲授正文、总结概括、复习巩固……各项工作进行得还算顺利。为了避免满堂灌，有一个试讲者也效法前面几位试讲者的做法，设计了几次并不高明的课堂提问，但效果一般。下课时，比较自己与前几名试讲者的效果，这名试讲者估计自己会输。

谁知，第二天他即接到被录取的通知。惊喜之余，他问校长为什么选中了他。"说实话，论那节课的精彩程度，你还稍逊一筹。"校长微笑着说，"不过，在课堂提问时，你叫的是学生的名字，而他们却叫学号或用手指。试想，我们怎能录用一个不愿去了解和尊重学生的教师呢？"

可见，求职者应该养成注意细节的习惯，因为细节中往往蕴含着机会，即使一个微不足道的动作，或许就会改变你的一生。世界上最难遵循的规则是度，度源于素养，而素养则来自于日常生活一点一滴的细节的积累，这种积累是一种功夫。作为招聘方，他们可以通过一些细节来判断出你的素质，因此，每位求职者都需要注重小节，切不可在关键的时刻让它出卖了你。

自信，成功求职的敲门砖

不论你希望从事什么职业，都要首先除去对该职业的敬畏心理。要认为自己有资格胜任这项工作，如果被雇用的话，会做得很好。自信，是求职前必须做到位的一项心理准备，也是成功求职的敲门砖。

具有打工女皇之称的吴士宏进入 IBM，凭的就是自信。那是发生于 1995 年的真实故事，那时候吴士宏还是一家医院的护士，她想换一种活法，想去干另一件自己更喜欢的工作。于是，她买了台半导体收录机，自学了一年半许国璋英语。为了检验自己的学习效果，她抱着尝试的心态，壮着胆子到 IBM 应聘。

先是两轮笔试，吴士宏都侥幸通过了，最后是面试。有了笔试口试成功的鼓励，加上她对是否能够应聘成功看得很淡，所以在回答主考官的提问时显得轻松而机智，引起了主考官的浓厚兴趣。吴士宏从主考官的神态里感觉到自己"有戏"，信心也足了。谁料，哪壶不开提哪壶，在面试快结束时，主考官突然问道："你会打字吗？"

"会！"吴士宏信口答道。可心里却在打鼓，因为她根本从未摸过打字机。

"你一分钟能打多少字？"主考官又问道。

"请问公司要求是多少？"吴士宏反问主考官，同时她环顾了四周，考场并没打字机，便松了口气，语气轻松地说，"要不可以现场考考我。"

主考官说了一个数字，吴士宏马上承诺，绝对能达到这个要求。主考官说今天没打字机，就不考了，等到下次再考吧。

吴士宏在主考官面前夸下了海口，心里可着急了，如果被 IBM 聘用了，进公司之后又要考打字，那不就惨了？她立马到亲友处借了 770 元买回一台打字机，没日没夜地敲打了一个星期，练得手腕红肿，吃饭连筷子都抓不稳，所幸的是，她的打字速度达到了主考官的要求。在吴士宏学会了打字时，公司的聘用通知也递达她手中，她从此成了梦寐以求的 IBM 公司的一名员工，也由此踏上了她的传奇人生之路。

为了某种目的夸点海口未尝不可，而你必须千方百计地兑现你所夸下的海口，只有这样才能取信于人。吴士宏进公司后没考打字，那只是侥幸，但世间不是处处充满侥幸的，只有自信，才是走向成功的不二法门。

被动变主动，柳暗花明又一村

龙懿懿是个大学应届毕业生，在就业如此严峻的情况下，她和大家一样，历经曲折仍没有找到满意的"婆家"。但她是一个永不服输的女孩，因此，仍然勤快地穿梭于人才市场。

一次在人才市场，她看中一家外企，工作条件和待遇都算不错。但这家公司要招聘有工作经验的人，这与她的条件不符，但是她还是递上了简历。果然那位招聘经理就说："你好像不太适合我们的工作。"这时候，龙懿懿觉得应该抓住这个机会，让自己更加了解那家公司，也让别人更加了解自己。再说，比起同龄人，她也有这方面的优势。她的专业成绩向来很好，毕业的时候也是数一数二的。在学校里，是两个重要社团的负责人，领导和组织能力得到充分锻炼。她还在大学期间参加了全国大学生辩论赛，口头表达不成问题。

经过交谈，对方留下了龙懿懿的简历，并在上面做了记号，把它单独放在了另外一边。但展会后，这家公司一直没有给她面试的通知。等了近十天，消息杳无。龙懿懿认为不能"坐以待毙"，一定要采取主动。于是，她通过自己记录的地址，找到了那家公司。

当经理想婉言拒绝的时候，龙懿懿说："对不起，我只是想有一个让你们了解我的机会。"也许是她的真诚打动了经理，他把龙懿懿请进了办公室。此时，龙懿懿抛开了往日"沉默是金，虚心是银"的想法，大胆真实地介绍了自己的情况，并适时地向他们推销自身的特长与优势。经理对她的表现颇感满意，当即拍板录用了她，并说："你知道我们为什么录用你吗？除了你优异的成绩、良好的素质外，更重要的是，你让我们感受到一股朝气蓬勃、永不服输的精神，而这种表现的机会是你主动争取的，这样的人不用，我用什么人呢？"

一般的求职者遭到委婉拒绝，往往就认为没有希望了，而懂得主动争取的人，则会化被动为主动，产生柳暗花明之效。

课堂总结

没有趟不过的河，也没有找不到的好工作。困难最怕有心人，只要用心，方法总比困难多。一个困难后面，都隐蔽着无数个解决的办法，这应该是每个求职者必须保持的正确心态。

好工作就在身边

有些人明明占着绝好的工作位置，却不自知，只是一味地抱怨，一味地换工作。其实，好工作不在别处，它就在你身边。

好工作需用心发现

在生活中，我们可能经常会遇到这样尴尬：老是抱怨目前的工作不尽人意，总是期待能够找到更好的工作．可是，当我们进入新的公司之后，才后悔地发现，还是原来的工作更好，于是再跳，可再也找不到比原来那份更好的工作了。

一位怀才不遇者去寺院拜访一位高僧。

"施主，"高僧合掌问道，"你为什么愁眉苦脸？"

"我已经快 40 岁了，大师。"怀才不遇者说，"至今找不到自己的位置。"

"你要找什么样的位置？"

"不知道。"怀才不遇者想了想，又改口说，"适合我的位置。"

"你的位置就在你的脚下！"高僧说毕，弯腰拾起一片落梅的花瓣，拈花微笑。

怀才不遇者一愣，顿悟。自己正端然肃立在高僧的对面，头顶是一树怒放的腊梅，脚底是落满梅花的土地，夕阳西下，暗香浮动近黄昏，感觉真好。这不正是自己目前所处的位置吗？

很多人经常会因为工作中一点点不满意就拍屁股走人，或者稍不如意，就感觉自己怀才不遇，明明自己目前的工作是最好的，却不自知。

职场晋升，要凭实力说话

江涛所在的公司刚刚接了一个过百万的项目，谁如果能够负责这个项目，不仅可以获得丰厚的佣金，更可以在公司、客户以及整个行业中树立自己的个人品牌，江涛当然要极力争取。但是最后确定的负责人却不是他，江涛觉得委屈，于是去找经理问明原因。经理说："你没有主持过这么大的项目，公司对你的实力还没有很深入的了解，怎么可能把它交给你呢？"

是江涛能力不足，还是老总偏心？我们不得而知，但是，通常情况下，站在管理者的角度，他们用人的标准一般是以个人的实力来衡量，他们会像猎豹一样盯住绩效。因此，职业人士只能拿业绩和实力来证明自己，因为职场从来不相信"辛苦"的眼泪。

古罗马皇帝哈德良曾经碰到过这样的一个问题。他手下有一位将军，跟随他长年征战。有一次，这位将军觉得他应该得到提升，便对皇帝说："我应该升到更重要的领导岗位，因为我的经验丰富，参加过 10次重要战役。"哈德良皇帝是一个对人才有着高明判断力的人，他并不认为这位将军有能力担任更高的职务。于是，他随意指着拴在周围的战驴说："亲爱的将军，好好看看这些驴子，它们至少参加过 20 次战役，可它们仍然是驴子。"

工作也一样，没有所谓的苦劳，只有功劳，一切靠业绩说话。经验与资历固然重要，但这并不是衡量能力的标准，有些人所自诩的 10 年业界经验，不过是一年经验重复 10 次罢了。年复一年地重复一种工作，固然很熟练，但可怕的是这种重复已阻碍了自己的成长，扼杀了想象力与创造力。

生气不如争气

人力资源专家常常用金字塔来描绘企业的人才结构：越往下是能力越平凡的人，这种人是最多的；而越往上则是能力越强的人，这种人是少数的；而位于塔尖上的人才，则是少之又少，那种人往往是公司的核心员工。仔细检视自己，看看自己属于金字塔的哪个阶段。如果不是塔尖上的人才，审视一下自己还有哪些方面做得不够，努力去提高它，向塔尖的位置迈进。面对挫折，只会生气，只会抱怨的人是愚蠢的，只有懂得去争气的人，才是聪明的。

一个人最重要的是要学会让自己强大起来，成为公司的核心员工，让别人不可替代。不要成天去计较一些鸡毛蒜皮的小事，这样最终伤害的是自己。为什么你容易生气，因为你遇到困难时毫无办法；为什么你总喜欢去计较，因为你不懂得选择和放弃。

若是无知，就不必装博学，就不必装富有。况且没有一成不变的，与其叹气，不如争气。说千句，道万言，不如扎扎实实把本职工作做好。只有默默耕耘，真正一步一个脚印去做了，我们才有晋升的可能。

课堂总结

一家公司的发展是靠员工的工作来支撑的，员工的工作能力与工作表现是公司的安身立命之本。说到底工作还是凭本事、靠实力的，成为金字塔尖上的人物，你在公司就无法替代。

第6课

适　应

一滴水的最好去处是哪里呢？那就是大海。是的，孑然独处的一滴水固然显得独立不羁，却难以指望它富有长久的生命力，正如一个特立独行的人，虽不乏桀骜不驯的嶙嶙风骨，却也难为世人所接纳，不免陷入郁郁寡欢的凄凉境地。职场如战场，充满了看不见的硝烟，因此，光有才华是无法取得成功的，还要有融入团队的适应能力。

职场何处无圈套

对于职场，人们有相当多的形容，有人说，工作就是生意，职场就是生意场；有人说，职场就是名利场，淋漓尽致演绎着人与人之间的勾心斗角；还有人说，职场就是一场看不见硝烟的战争，虽然表面上平静如水，暗地里却波涛汹涌……不论哪种形容，我们都能感同身受那种复杂、诡谲、惊险、胆战，这就是最真实的职场。

仅有才华，是远远不够的

每个置身于职场的人，也许都有过或者从别人身上看到过这种尴尬的情况，很多技不如人的同事，却往往得到不断的晋升，甚至爬到你的头上。

有家公司准备选拔一个广告设计参加市里举办的大奖赛。开始，公司许多人看好叶青的设计稿，对吴旭的设计虽然也很看好，但感觉比叶青的略逊一筹。对于一个刚刚参加工作的人来说，叶青觉得机会就在眼前，她开始等待着鲜花、奖杯和掌声的到来。但是，当两幅作品送到老板那里最后审定时，老板最终选择了吴旭的作品。老板的理由是叶青的作品没有根据客户的具体需求创作，而是根据本人的兴趣和爱好创作的。所以，尽管叶青的作品艺术性很高，创意不错，但不能给老板带来经济效益，只能打入冷宫。很长一段时间，叶青想不通，论才能，吴旭与自己不在一个级别上，为什么老板"有眼无珠"，让自己败在吴旭的脚下？

叶青的情况，在职场中经常出现。这个时候，你的心情难免会万分沮丧，怀才不遇之感也油然而生。但是，不管你感到如何不公平，这一切现象都是正常的，因为这就是职场。当你置身于竞争激烈的职场时，就已被迫卷入了一场职场政治。可能你有能力，有才华，但是如果你与同事关系，或者与上司关系处理不好，同样难以在工作中左右逢源。

很多人以为仅仅凭着才华就能成就一番大事业，这是认知上的误区。诚然，才华对每个人一生的职业生涯是相当重要的，但是这并不意味着你就会拥有一个成功的职业生涯。因为除了才华，你还得有处理职场政治的能力。

职场政治除涉及到一个人的才华，还有性格、情商、社交等许多自身能力和复杂的人际交往能力，这方面要考验你的应变力、协调力、不断学习的能力、自控能力。如果你不为此付出代价，你的职场生涯一定会遇到阻隔。

有才华，更要有智慧

现实中的职场，表面感觉不到它的凶险，但是，来自于内部和外部的职场陷阱的确存在。工作中每一步、每一个环节，无不隐藏着许多圈套和暗流，等到你醒悟时，为时已晚。譬如，择业的错位、加薪、晋升的无望、跳槽的失误以及与上司、同事关系紧张等等，都是工作中最容易让你掉入的陷阱。一旦陷入，就会让你郁郁寡欢，壮志难酬。

柏拉图说："我们背对着山洞口静坐，对于在我们背后绵延展开的壮丽世界，我们充满想象，却一无所知。"我们就如同这些盲目的静坐者，职场生涯就是我们背后深邃幽暗的隧道。我们在洞口忐忑不安，不知该怎样迈开第一步。职场如战场，稍有不慎，就会误入歧途，掉进职业发展的圈套。种种现象表明，在职场中被陷的现象是极其正常的，职场就像一个危机四处的丛林，到处布满了陷阱。如果你不懂得识别圈套或者不懂得解除圈套的方法，那么你只能身陷其中，永远禁锢在原地，无法得到突破和发展。

因此，一方面我们要以正确的心态面对工作中的圈套，另一方面也要掌握应对这些圈套的方法。掌握这些应对圈套的方法，远远比拥有过人的才华有效。因为所谓的方法，其实质是"智慧"。有职场专家总结说，有了出众的才华，下一个就是非凡的智慧；才华有了智慧的指引，才会展示它的完美性。

有人咨询过百余位职业经理人，其中提到过一个最关键的问题："你觉得比才华重要的还有什么？"绝大多数的答案是：智慧。其次是人缘、做人、宽容、协调、自信、真诚……其实，正是这一切品质集合成了人类的"智慧"。

如果说"才华"表达了某种单一，"智慧"就代表了无限。"才华"是一种显而易见的现象，而"智慧"则是隐而不显、说不清道不明的资质，它事实上是人类所有品质完善的集合体，是"意识与行为"的完美结合。总而言之，有人的地方就是江湖，江湖险恶，从来并非武功高强者就能纵横天下。职场更是如此，任何深陷的现象都是正常的，关键在于你如何运用智慧积极地处理它。

这样"解套"最有效

"解套"是一个很关键的问题，而且没有其他灵丹妙药。职场危机一定会存在，而且它不会因你回避而离你远去，因此，直面危机，才是最有效的解决办法。对于职场的套牢现象，可以从以下四个方面入手，有效地规避和解除。

第一，必须要做到明明白白。首先你要对周围所有的情况非常了解，要知道你的职责是什么，要知道老板对你的期望是什么，且知道老板是个什么样的人，对你最在意的是什么。即使对前后左右上下的人不能了如指掌，最起码你要明白你的位置，明利害。其次，必须清楚企业里谁是关键人物，并与之建立伙伴关系。俗话说"大树底下好乘凉"，你要选择属于自己的大树，并与之保持良好的伙伴关系，晋升之路也就顺畅多了。再次，要对所有的规则了解清楚。这个规则既包括明确的规则，也包括一些潜规则，潜规则不一定是坏的东西，而是约定俗成的东西。最后，就是了解公司的战略目标，并想办法参与进去。一般情况下，公司的战略目标是决定整个公司前途命运的核心，是否参与其中，对于你在公司的位置、晋升速度等都有着非常重要的影响。

第二，行为举止职业化。职业化是职场人必须经历的过程，它会让你逐渐符合你所从事岗位的所有标准，能够极大地发挥职位的作用，而且能将与职位不相符的"枝节"全都去掉，方便更好地实现自我价值，让领导更快地感受到你的重要，进而得到晋升的机会。

第三，策略性地解决冲突。职场冲突是可以顺利化解的，问题的关键是要将冲突视为可以解决的问题：先确认冲突的源头，沉稳而冷静地面对，再充分发挥沟通协调的功能，采用恰当的方法解决冲突。

第四，与同事建立协作关系。首先，要做一个受欢迎的人。在工作中，学会以真心的微笑面对他人，以一种平和、积极的心态对待工作和他人。其次，不能闷声不响，也不能太锋芒毕露，不能让他人怀疑你的能力，也不能因为才华的显露而遭遇妒忌；不在办公场所谈私事，人前人后不要说人是非，尊重同事的兴趣和爱好，不将个人好恶带入职场，注意经济上的细节往来。简言之，职场交往需要把握好人际关系的细节，掌握好与同事交往的"度"。

是否能够得到领导提拔，通常取决于你对公司将来的发展的价值和贡献。然而，是否能将自己的才华与抱负等值地转化成为现实价值，职场政治起着微妙的作用，善于利用职场政治的积极作用，将大大提高晋升的速度和步伐。畅销书《圈子圈套》作者王强以揭示职场圈套而得名，他说过这样的话：身处职场，做人不能太老实，有些职场政治和潜规则你不得不学。

课堂总结

"套牢"一词来源于股市，它是指进行股票交易时所遭遇的交易风险。套牢表示投资者的投资浮动损失已经大大超过了他的可接受范围，且在可预见的时间段内，能捞回损失的机会不大。职场也会遭遇套牢现象，套牢不可怕，可怕的是不能正确地面对职场危机，不能掌握解套的有效方法。

懂得变通，学会适应

每位职场人士难免都会进入一个新的工作环境，或者随着职业生涯的推进，会主动或被动地接受很多新的变化。只有懂得"到什么山上唱什么歌"——以变化的心态面对生活和工作的人，才会迅速适应新的环境，把握主动权。

职场遵循"适者生存，优胜劣汰"

美洲鹰生活在加利福尼亚半岛上，由于它的价值不菲，在当地人的大肆捕杀以及工业文明对生态环境的破坏下，终于绝迹了。可是近年来，一名叫阿·史蒂文的美国学者，在南美安第斯山脉的一个岩洞中竟然发现了美洲鹰。这一惊奇的发现让全世界的生物科学家对美洲鹰的未来又有了新的希望。

一只成年美洲鹰的两翼自然伸展开后长达 3 米，体重达 20 公斤，可是令人奇怪的是，就是这样一种翱翔于海洋上空的庞然大物，竟然能生活在狭小而拥挤的岩洞里。阿·史蒂文在对岩洞进行考察时发现，那里布满了奇形怪状的岩石，岩石与岩石之间的空隙仅 0.5 英尺，有的甚至更窄。那些岩石像刀片一样锋利，别说是这么个庞然大物，就是一般的鸟类也难以穿越，那么，美洲鹰究竟是怎样穿越这些小洞的呢？为了揭开谜底，阿·史蒂文利用现代科技在大岩洞中捕捉到了一只美洲鹰。他用许多树枝将鹰围在中间，然后用铁蒺藜做成一个直径为 0.5 英尺的小洞让它飞出来。美洲鹰的速度迅速无比，史蒂文只能从录像的慢镜头上细看，结果发现它在钻出小洞时，双翅紧紧地贴在肚皮上，双腿却直直地伸到了尾部，与同样伸直的头颈对称起来，就像一截细小而柔软的面条，它是用以柔克刚的方式轻松穿越蒺藜洞的。

显然，在长期的岩洞生活中，它们练就了能够缩小自己身体的本领。在研究中史蒂文还进一步发现，每只美洲鹰的身上都结满了大小不一的痂，那些痂也跟岩石一般坚硬。可见，美洲鹰在学习穿越岩洞的时候也曾受过很多伤，在一次又一次的疼痛中，它们终于锻炼出了这套特殊的本领。

千万年来，动物与人类都在为生存而战。如果不想被淘汰，就得像美洲鹰一样，以改变自己的方式，来适应不断变化的生存环境。尽管改变自己的过程会千难万险，甚至流血流泪，但只有勇于改变自己，才能扩大生存空间。

无论我们从事什么行业，"适者生存，不适者淘汰"，是亘古不变的自然法则。每位员工都有被社会淘汰的可能，只有根据环境的变化，不断调整自己，改变自己，我们才能立足于社会。

公司潜规则：适应才是硬道理

有位女士借上洗手间的时间，抽空吸了一支烟，但是不知被哪位同事看见了，因而她抽烟的事在公司内传开了。女士的上司把她叫到办公室谈话，劝她不要吸烟，要她注意影响。当他劝她"要注意影响"的时候，他自己桌上的烟灰缸还没来得及倒掉。

尽管这位女士嘴上表示接受批评，但在心里却觉得非常可笑，因为在公司的规章制度中，没有哪一条规定只有男士可以吸烟而不许女士吸烟的。她认为这事简直不可思议：同在一个公司，男士不仅可以公开吸烟，而且互相之间可以递来递去，公开支持或者怂恿吸烟；普通员工如此，连公司领导也是如此。可为什么女士吸烟就有人看不惯，进而汇报、批评甚至开除了？

其实在这件事上，女士可不可以吸烟这个问题并不重要，重要的是作为公司的员工，你是否尊重公司的"风俗习惯"或者"公司的潜规则"。

像女士吸烟这种尴尬现象，在职场中只是冰山一角，职场中诸如此类的潜规则数不胜数。潜规则通常是工作中的一种风俗习惯，它是一种文化长期积淀的结果，如果在一个公司内部已经形成了这样一种"风俗习惯"，就说明它有一定的合理性。因此，它既不是某一个人规定的，也不会因某一个人不习惯而改变。它虽然不像公司的规章制度写得那么明确，也没有那么大的强制性，但是它往往更受公司大多数员工的尊重，如果你触犯它，它同样可让你碰得头破血流。

对于公司的潜规则，评论其对错根本没有实际意义，适应才是硬道理。不可能每个人都生活在自己的意愿之中，只能是生活在对环境的适应之中：适应你所处的环境、适应你所面对的压力、适应你所面对的竞争、适应他人的风言风语、适应领导的批评。否则，你不仅不会成功，而且会被淘汰。

做人不能一根筋，要懂得变通

在企业中，一位优秀的员工应该懂得变通。变通也叫灵活性，指思维灵活多变，能举一反三，触类旁通，不易受以往旧经验和消极定势的桎梏，能从不同角度看问题，产生超常的构想。只有懂得变通的人，才会对外界敏感，易于挖掘契机，也善于找到解决问题最完美的办法。对于改变，"一根筋"的人显然是难以应付的，只有那些最为乐观而最富创造性的人才能够思路开阔、灵活地对待不可避免、持续发展的变化，而这些变化恰恰是实现目标所必需的。

1973 年，英国利物浦市一个叫科莱特的青年，考入了美国哈佛大学。常和他坐在一起听课的是一位 18 岁的美国小伙子，大学二年级那年，这位小伙子和科莱特商议一起退学，去开发财务软件。因为新编教程中，已解决了进位制路径转换问题。

当时，科莱特感到非常惊讶，因为他来这里是求学的，不是闹着玩的，再说 BIT 系统默尔博士才教了点皮毛，要开发 BIT 财务软件，不学完大学的全部课程是不可能成功的。因此他委婉地拒绝了那位小伙子的邀请。

10 年后，科莱特成为哈佛大学计算机 BIT 方面的博士研究生，那位退学的小伙子也是在这一年进入美国《福布斯》杂志亿万富豪排行榜。到 1995 年，科莱特经过攻读取得博士后之后，他认为自己已具备了足够的学识，可以开发 BIT 财务软件了，而那位小伙子则已绕过 BIT 系统，开发出 EIP 财务软件——它比 BIT 软件快 1500 倍，并且在两周内占领了全球市场。这一年，他成了世界首富，一个代表成功和财富的名字——比尔·盖茨，也随之传遍世界的每一个角落。

比尔·盖茨因为懂得依情势而变通，因而成就了一番事业。而科莱特却因为始终一味执著追求学业而落后了。追求成功如此，工作事业也是如此，我们不能一根筋，一条道走到黑，要学会变通，懂得随机应变。

一般人都认为，如果决定了一件事情或一个想法，就必须坚持到底，甚至和别人辩论以维护自己的主张。而懂得变通的人，不会盲目迷信自己一时的想法，会把别人的意见做一个重新思考并加以评估。当然，我们并不是否认坚持的重要性，而是指要根据实际情况调整方向。

当你树立了一个明确的目标之后，你必定要制定一个相应的计划，这时你已经知道自己必须付出什么样的代价。可是，这还远远不够，因为任何事情都是处于变化之中的，往往一件事的发展总是会在你的意料之外。你原有的计划将不再适合于已经变化了的局面，你必须对此做出改变。所谓计划赶不上变化，正是这样的道理，如果情况变了，你还坚持原来的计划，只能是适得其反。

确定人生方向和做决定不仅要变通，在工作中也要懂得变通，死守规划和条条框框，只会使自己作茧自缚。要有敢于突破、敢于变通的实践观，在工作中，主动发现问题，变通解决，不生搬硬套；在政策执行过程中，既要坚持原则，又要善于变通，要有灵活运用政策的实践观。

总而言之，每个员工都应该学会变通，在变通中发展，在变通中走向成功。假如你陷入了困境，不要消沉，不要焦虑，变通可以让你绕开一切障碍，找到走出困境的绝妙方法。

课堂总结

萧伯纳曾经说过："明智的人使自己适应世界，而不明智的人只会坚持要世界适应自己。"你无法让环境适应你，就只能去适应环境。而适应环境，就必须懂得变通。所谓"穷则思变"，灵活机变的素质能把你引向成功的坦途，同时它也将成为你棋高一招的标志。

换工作，不如换心情

很多人工作稍不如意，就会换工作，结果却陷入另一个每天抱怨的恶性循环中。事实上，"天下乌鸦一般黑"，任何工作总有让你不如意的地方，如果你不改变你的旧观念，你换任何一份工作都不会有好心情。因此当你产生"另起炉灶"的念头时，不妨先转换你的心情，从新的角度看工作、看事情，或许离职的想法会就此打消。

谁在影响你的工作心情

工作心情的好坏，对一个人的影响相当大。其他的先不提，单说对潜能的发挥就有着很重要的作用。坏心情无疑会让人丧失工作激情，而没有激情，任何事情都无法用尽全力，也就无法把事情做到尽善尽美，对个人最直接的影响就是不能实现最大的价值。

黎江毕业已三年，无论在同学还是在同事眼中，他都是一位非常有才能的人，大家一致认为他的前途一片光明。可是黎江目前的状况，却令人担忧。最近他又跳槽了，毕业三年，这已经是他第15次跳槽了。虽然他平均每两个月换一次工作，但跳槽却是他最不想做的一件事情。说到老是换工作的原因，黎江一言以蔽之："那样的工作让人没有好心情，你叫我如何坚持得下去啊？"

黎江倒是觉得刚出学校的第一份工作，是最令人开心的。那是一家民营企业，老板对他非常满意，还特别鼓励他说："黎江，你肯定前途无量，说不定我们这个'庙'还太小了，供不起你。"听了老板的话，黎江当时很激动，暗下决心一定跟着老板好好干。然而，让他没想到的是，工作才刚过去一个月，危机就出现了。黎江无意中发现了老板的一个秘密：老板每次在会见客户时，都会肆意夸大自己公司的实力，有时候根本没有的事，还故作镇静，说自己有多么的神通广大。老板在他心中的形象一下就被击垮了，思前想后，黎江决定辞职。

黎江果断地离开第一位老板后，就开始了他的第二份工作"三一市场调研"。对于这份工作，黎江充满激情。工作虽然辛苦，但他很喜欢这样具有挑战性的工作。然而，好景同样不长，黎江发现上司在决定很多事情时，主观意识太强了。而下属即使知道领导错了，也会不打折扣地执行。每次遇到这种情况，黎江心里难受极了，刚开始还找上司谈谈，上司也还很认真地听听，可到最后，上司似乎不耐烦了，笑笑就叫他做好自己的事。黎江虽然表面不再说，但内心却是无法容忍这种错误的决定。

就这样，每到一个公司，黎江都觉得有这样那样的不适应，这也就直接导致了他频繁地更换工作。

从黎江的例子中不难看出，影响他工作心情的因素主要有两个：一是对老板为人处世的不认同，二则是自己的意见得不到上司的认可。其实，影响工作心情的因素多如牛毛，主要表现在以下一些方面：

薪资待遇不尽如人意；

觉得目前的工作不是最理想的，才能得不到充分的发挥；

对公司的经营方针有疑虑；

无法与主管共事；

对职场工作气氛不满意；

公司教育训练不足；

升迁管道僵化；

对行业前景及公司未来担忧；

自己的能力未受到肯定；

公司运营不佳，业绩平平；

……

就是这些因素，剥夺了我们的好心情。

换工作改变不了根本性问题

家家都有一本难念的经，每个人都能找到导致自己坏心情的若干理由。但是，换工作就能改变自己坏心情的状况吗？答案是：不能！黎江就是最好的例子，他三年换了 15 个工作，也终究没有找到能够给自己带来好心情的工作，其根本原因在于自己。这让我不由得想起一个故事：

一只乌鸦经常忙碌地搬家，鸽子疑惑不解地问："这树林不是你的老家吗？你干嘛还要搬家呢？"

乌鸦叹着气说："在这个树林里，我实在住不下去了，这里的人都讨厌我的叫声。"

鸽子带着同情的口吻说："你唱歌的声音实在难听，所以大家讨厌你。其实，你只要把声音改变一下，或者闭上嘴巴不再唱歌，别人就不会嫌弃你。如果你不改变自己的叫声，即使搬到另外一个地方，那里的人还是照样会讨厌你的。"

工作中，常有人抱怨说环境或周围的人对自己不利，所以就想借换工作环境，或结交新的朋友，来改变尴尬的境遇，但是他们却很少反省：自己人际关系的不顺畅或职场的不如意，究竟是自己的因素还是别人的因素造成的。如果原因是出自本身的话，唯有改变自己，才能让问题迎刃而解，否则，不断地转换工作或认识新朋友只能是对生命的浪费，对问题的解决没有丝毫裨益。

可见，黎江要想解决问题，不应该频繁更换工作，而是先想办法转换好心情，而好心情的获得，必须得转换思维才行。

转换思维，才会有好心情

有许多人总是这山望着那山高，总感觉自己公司没别的公司好。他们一旦对现有工作产生厌倦感，第一个想法就是跳槽。其实，再好的工作也难尽善尽美，如果不能调适自己的心情，下一个工作必定又是新一轮厌倦的开始。那么，如何转换思维，让自己在不需要跳槽的前提下，就可以拥有好心情呢？

一位在深圳房地产广告公司任总监的朋友，30岁未到，在圈内就小有成就。有人问："你为什么这么年轻，就坐到这位子？"他回答说："第一，我从不跳槽。第二，凡事我都懂得换个角度思考！"

他23岁从部队退伍，就到了这家公司，当时公司只有四十多人，六年了，公司壮大了，他也成长了。其间有许多人跳槽，也有人挖他出去，但他没受影响，一直在这家公司。他认为哪都一样，只要干好了，老板就不会对你怎样。

老板常开玩笑对他说："我只要找到能力和你一样，要求没你高的人，一定把你辞了。"他也常笑着对老板说："只要你找到这样的人，我一定自己走。"于是他不断努力工作、学习，不断提高自己，让老板一直找不到比他强的人。

很多事情站在局外分析，我们可以看得很清楚，而在局内，却容易犯糊涂。所以，遇到任何问题，必须要懂得跳出局内，以局外人的角色来思考。很多的事情，看到了它的本质，就没有什么想不开的了。

事实上，在现实的生活里，只有靠自己的"一念之差"，改变自己的思考及态度，才能去影响别人并改变环境。而这"一念之差"，既是将负面思考调整为正面思考的重要枢纽，也是左右"心情"的重要关键。所以，当你有跳槽念头时，一定要三思而后行，给自己一个认真思考的时间，这样才能作出明智的决定。

课堂总结　没有一件工作会令人天天愉快，当你兴起"另起炉灶"的念头时，不妨先转换你的心情，以新的角度看待你的工作。

当心那只"烂苹果"害了你

有人把无德无才之人比喻成苹果箱里的"烂苹果"，如果你不及时处理，它会迅速传染，把果箱里其他的苹果也弄烂。办公室里、朋友圈中，总是有这样一些不受欢迎的人，他们要么喋喋不休、要么搬弄是非、要么爱出风头、要么暗地使绊、要么……总之，他们的负面影响极大，必须提高警惕，别让他们害了你。

"烂苹果"是些什么样的人

"烂苹果"存在于我们的工作和生活中，可以说，有人的地方，就有"烂苹果"的存在。那么他们主要是谁，有什么特点呢？总结出来，主要有以下几个特点：

● 特点一：爱出风头，过于表现自己

烂苹果式的人第一个特点就是爱出风头，过于表现自己，从而成了同事和朋友眼中的一根刺，影响团结和合作。

张丽是个能干的姑娘，在公司办公室任职，工作认真负责。她的工作的确很多，也很忙，可是她却总是把这种自己分内的事情当作是对别人的恩典，任何人和她共事都要看她的脸色。和朋友出去聊天喝茶，她也总是把"忙死了"、"真是烦人"等口头禅挂在嘴边，时间长了，同事开始对她有意见，朋友们也渐渐远离了这个"大忙人"。

● 特点二：喜搬弄是非，挑拨离间

这种人最典型的就是在同事与同事之间、领导与同事之间煽风点火，挑起事端。

这种人常常会对别人说："你看××才干了不到一年时间，就蹦了个台阶，也太快了吧！像你这样工作能力强、业务精的人怎么就不提拔，咱们经理也真是的！"

结果被说之人，往往会变得义愤填膺了："没办法，咱不会拍马屁、钻空子，自然不讨好，没什么大不了的，实在不行就走人！"

"就是！"

这种挑拨会让同事一时觉得你是在帮他说话，但时间长了，挑拨离间的狐狸尾巴就会露出来，那时候你就是所有人都厌烦的对象。最重要的是，这种挑拨离间，最终会影响团队的安定团结。

● 特点三：犯红眼病——见不得别人好

这种人的特点，就是经常犯红眼病，他见不得别人比自己过得好。别人涨工资了他不服气，别人提职了他不舒服，别人受到奖励了他就烦躁……

一家大公司里有个出国进修的名额，这是很多人梦寐以求的。可名额只有一个，最后落到了陈梅的名下。身为陈梅部下的丁冰心有不甘，尽管陈梅从来没得罪过她，但她还是一有机会，就有意无意地打陈梅的"小报告"。或者趁陈梅出差之际，找出各种借口频频向经理汇报工作，以显示自己的工作能力。时间长了，加上丁冰有意制造陈梅的失误，经理开始对陈梅失去了信任，显然，她出国进修的事也泡了汤。后来，陈梅离开了，新一任部门经理上任不久就发现了丁冰的问题，很快地，她就被"踢"了出去。

● 特点四：喜传播小道消息

没有人喜欢和一个喇叭形的人共事，这种人通常都是只喊不做，或雷声大雨点小，别人有什么成绩他们就会暂时"断电"；别人有什么疏漏，要不了多久全公司的人都知道了。这种人是最受同事痛恨的了。

● 特点五：为人过于狡诈

这种人处处偷奸耍滑，总是捞取别人的胜利果实，就像是狡猾的狐狸。他们并不缺少机智，而是没有把机智用在工作上，专放在如何抢夺别人的工作果实上，所以，他们自然成为办公室里每个人厌恶和担心的对象，时间长了，人们必欲除之而后快。

● 特点六：自以为是，一意孤行

还有一种人，总是自以为是，认为谁都没有他能干，所以不把任何人放在眼里，不愿与人合作。一意孤行是他们最明显的特点，他们忽视了一个集体最重要的是团队精神，而不是个人英雄主义，于是，要不了多久，同事们就会无法与之共事，其结果就只能是他卷铺盖走人。

● 特点七：墨守成规，拒绝创新

这种情况经常发生在老员工的身上，他们墨守成规，不愿意接受甚至拒绝任何新鲜事物，陈腐发愚。看到哪位同事有了新变化，他们要么指指点点，要么对其冷淡，结果搞得所有人都害怕他，远离他。

● 特点八：言行举止过于消极

这类人由于自身性格的缺陷，从而在言行举止上表现出一种消极的思想，对人会产生极其消极的影响。具体又可分为以下几种类型：

1. 消极对抗的暗中破坏者。这样的人会利用对你的了解，在不知不觉中伤害你，他们经常会打着关心你的幌子，话中带刺地评论你的形象或者习惯。

2. 滔滔不绝的讲话者。这样的人会在一切谈话中占据主导地位，想方设法成为大家关注的焦点，让你围着他转。

3. 小题大做者。这样的人会把每一次小小的挫折发展成重大的危机，就因为老板没有对他笑，他就认定自己要被炒鱿鱼。

4. 唱反调者。这样的人会说你的希望和梦想都是不切实际的，对你的计划总是持否定的态度。

5. 同伴压力施加者。这样的人会把自己的乐趣凌驾于你的利益之上，明知道你明天上午有个面试，还是硬拉着你喝酒到半夜。

6. 毁约者。这种人虽然说喜欢和你一起出去吃饭，可是却在最后一刻把你抛到一边，因为他们有了更好的去处。

7. 多愁善感者。这样的人总是在哭泣、抱怨，却不解决问题，把你拖进受害者的凄苦氛围中，耗尽你的精力，把你当作不收费的治疗师。虽然偶尔有些推心置腹的诉苦能多少构筑出一种办公室友情的假象，但喋喋不休的抱怨会让身边的人苦不堪言。

看看吧，就是这些"烂苹果"，他们无论对团体、对同事还是对自己，都没有任何良好的作用。在一个团队里，如果发现了这种"烂苹果"，那么被捡出来扔到垃圾筐里迟早是他们最后的归宿。

好朋友，有时也有毒

"烂苹果"的可怕之处在于它那惊人的破坏力。一个正直能干的人进入一个混乱的部门可能会被吞没，而一个无德无才、喜搬弄是非的人能很快将一个高效的部门搞得人心涣散，毫无斗志。组织系统往往是脆弱的，它建立在相互理解、妥协和容忍的基础上，它之所以容易被侵害、被毒化，是因为破坏总比建设容易。千万不可让无德无才之人殃及整个部门或团队，是废品就要尽快及时地进行清理收拾，绝不可让它变得臭气熏天，污染大环境。对待无德无才的员工，杰克·韦尔奇说得很明白——毫不慈悲，立即剔出！

有些"烂苹果"是显而易见的，有些却是隐蔽难以发觉的，譬如说你的那些所谓的好朋友，他们虽然与你有多年的交往，但是，说不定也就是"烂苹果"中的一种。这种朋友对你产生的危害，总让人难以发现，即使发觉，也常常是欲罢不能的。

晓慧和夏琳是十多年的老朋友了，可是一天，晓慧意识到自己再也无法忍受夏琳了。夏琳经常羞辱她，对她冷嘲热讽。和夏琳在一起让她感到焦虑，晓慧意识到，这段在她生命中曾经极其重要的友情，如今已经变了味。

加利福尼亚大学的精神病学专家朱迪丝·奥尔洛夫博士说："我们与他人保持的各种关系会耗尽我们的精力。现在的研究结果表明，同事、朋友、伴侣以及老板产生的影响远比过去想象的大。"

重新评估自己与他人的关系是非常重要的，这会让我们明白，朋友让你陪着在酒吧待到很晚，不是因为他们喜欢有你陪伴，而是因为他们想让你帮助解决问题。这种友情很容易把人吸进去，最终让人感到筋疲力尽、灰心丧气。摆脱这样的友情看似有些残忍，但是有些时候我们需要做的只是和"有毒的朋友"划清界限。

课堂总结

"烂苹果"理念给我们的启示是，在我们的工作、生活中，总是有这样的一些人，他们到处搬弄是非，惹人讨厌，是自己所在圈子中的名副其实的"烂苹果"。组织因为他们的存在而受到不同程度的影响，更可悲的是，这些人自己做了"烂苹果"还不自知。我们需要做的就是跟他们"划清界限"，或者保持安全的距离。"

敛其锋芒，低调做人

古人有云："沧海不辞细流，故能成其大。"大海之所以能够容纳于川百流，就是因为它总把自己的位置放最低，所以变得博大而精深。身处职场中的人也是如此，应该时刻把自己的位置放在低处，以谦虚的态度应之，这样才能博采众长，才能缔结良好的人缘，从而有利于自己在公司中的发展。

锋芒太露招人妒

熟悉《三国演义》的人，自然会对曹操与刘备"煮酒论英雄"的情节印象深刻，其可谓充分演绎了刘备韬光养晦、低调行事的风格。当时刘备落难投靠曹操，曹操很真诚地接待了他。刘备住在许都，在衣带诏签名后，为防曹操谋害，就在后园种菜，亲自浇灌，以此迷惑曹操，使他放松对自己的警惕。

一天，曹操约刘备入府饮酒，议起谁是当世英雄。刘备点出的袁术、袁绍、刘表、孙策、刘璋、张绣、张鲁、韩遂，都被曹操一一否定。曹操指出英雄的标准是：胸怀大志，腹有良谋，有包藏宇宙之机，吞吐天地之志。刘备问："应该是谁？"曹操说："只有你和我两个人才是。"

刘备本以韬晦之计栖身许都，被曹操点破是英雄后，竟吓得把筷子也丢落在地。恰好当时大雨将到，雷声大作，刘备从容捡起筷子，说："一震之威，乃至于此。"巧妙地将自己的惶乱掩饰过去，从而也避免了一场劫数。

风云变幻的历史政治斗争如此，现实工作中的情况亦同。人人都想出人头地，但在办公室里若过分显露自己对事业或职位的野心，无疑是公然挑衅同事、上司，同事对你提高戒心，就是老板也要担心你是不是暗中觊觎他的高位，对你百般提防，甚至把你架空、外调。

黎捷应聘到公司任职不久，部门经理就对他说："老弟，我随时准备交班。"其实，当时黎捷也是这么想的，因为经理是自学成才的，知识上存在先天不足。而黎捷大学毕业后在外资企业已有五年的工作经验，独立有主见，工作能力强。但是由于个性率直，在讨论一些工作问题时，黎捷向来直来直去，为此他常与上司发生争执。虽然经理有时对他也有一定的暗示，但他却不以为然。久而久之，经理便渐渐疏远他，让他逐渐失去施展才能的舞台。

虽然黎捷的能力确实超过他的上司，但他不知道上司毕竟是领导。在领导眼里，下属永远比他差一截。你锋芒太露的话会让他心里很不安，如果明目张胆地与他对着干，哪怕你是无心的，上司也会忍不住对付你。野心人人都有，但是位子有限，你公开自己的进取心，就等于公开向公司里的同事挑战。僧多粥少，树大招风，何苦被人处处提防，被同事或上司看成威胁？做人要低调一点，学会自我保护。

老子曾说：善于做生意的商人，总是隐藏他的宝贝，不轻易让人看见；真正的君子，品德高尚，容貌却显得愚笨。其深意是告诫人们，过分炫耀自己的能力，将欲望或精力不加节制地滥用，是毫无益处的。中国古玩店铺里，在店面是不陈列贵重的货物的，店主总是把它们收藏起来，只有遇到有钱又识货的人，才把人领进去仔细看。这样既是对宝物和行家的尊重，又可以防备小偷之流。

俗话说"满招损，谦受益"，才华出众而喜欢自我炫耀的人，必然会招致别人的反感，自我损伤，懂得韬光养晦、谦虚的人才会不断地得到增益。所以，无论你才能有多大，都要善于隐匿，即表面上看似没有，实则深藏不露，让小人无缝可钻。

低调，学习的最佳姿态

为人低调的另一种表现就是谦虚。谦虚不仅是一种处世的态度，更是博采众长，更快提升自己的一种良好的学习态度。

牛顿是个十分谦虚的人，曾经有人问他："你获得成功的秘诀是什么？"牛顿回答说："假如我有一点微小成就的话，没有其他秘诀，唯有勤奋而已。"他又说："假如我看得远些，那是因为我站在巨人们的肩上。"从这些意味深长的话语中，我们可以看到这位伟大科学家的谦虚胸怀，它生动地道出了牛顿获得巨大成就的奥妙所在，那就是站在前人研究成果的基础上，勇于献身，勤奋创造，开辟出科学的新天地。

牛顿即使在科学上获得伟大成就时，也从不沾沾自喜。他费尽心血，算出"万有引力定律"后，没有急于发表，而是继续孜孜不倦地深思了数年，研究了数年，埋头于数字计算之中，从未对任何人讲起。后来，牛顿的朋友，大天文学家哈雷（彗星的发现者）在证明一个关于行星轨道的规律时遇到困难，专程登门请教牛顿。牛顿把自己关于计算"万有引力定律"的书稿给哈雷看。哈雷看后才知道他所要请教的问题正是牛顿早已解决、早已算好的问题，心里钦佩不已。

爱因斯坦多么伟大，但他自称"无知"。一位青年对此颇感困惑，以为爱因斯坦不过表示一下谦虚而已。当他向爱因斯坦提出这个问题时，爱因斯坦莞尔一笑，随手拿出一张纸片，在上面画了一大一小两个圆圈。爱因斯坦指着那个大圆圈对青年人说："我的知识圈比你大，当然与未知领域的接触面也比你大。"

懂得谦虚是一个人成熟的表现，自信与谦虚也是辩证统一的，IBM总裁送给他儿子的座右铭恰当地把两者结合了起来——"心灵像上帝，行动如乞丐"。心灵要永远有高傲之态，但行动上要像乞丐一样，去珍惜，去把握一切有助于我们人生幸福与成功的机会。

"宽阔的河流平静，学识渊博的人谦虚。"凡是对人类发展做出巨大贡献的人物都有谦虚的美德。大人常人，谦谦君子。在他们身上，总有一些让人看着油然而生敬意的东西：谦虚、质朴，不爱炫耀自己，淡泊宁静，谦和慈祥。在他们的身上，有一种自然而然的、不造作的体现。什么是虚怀若谷，什么是静水流深，无须细细体味便俨然自现。

低处流水积深潭：学会低调处世

一个年轻人来到法门寺，对住持释圆大师说："我一心一意要学丹青，但至今没有找到一个令我满意的老师。许多人都是徒有虚名，他们的画技还不如我。"

释圆淡淡一笑："老僧虽然不懂丹青，但也收集了一些精品。既然施主画技不比那些名家逊色，就烦请施主为老僧留下一幅墨宝吧。'，

年轻人问："画什么呢？"

释圆说："老僧最大的嗜好就是饮茶，施主可否为我画一个茶杯和茶壶？"

年轻人寥寥数笔，就画出了一个倾斜的水壶和一个茶杯。那水壶的壶嘴徐徐吐出一脉茶水来，正注入到那茶杯里。

年轻人问："这幅画您满意吗？"

释圆摇头说："你画得是不错，只是将茶壶和茶杯的位置放错了，应该是茶杯在上，茶壶在下啊！"

年轻人笑道："大师为何如此糊涂？哪有用茶杯往茶壶里注水的？"

释圆说："原来你懂得这个道理啊！你渴望自己的杯子里能注满那些丹青高手的香茗，但你总是将自己的杯子放得比茶壶还要高，香茗怎么能注入你的杯子呢？涧谷把自己放在低处，才能汇集山上流下来的水；人只有把自己放在低处，才能吸纳别人的智慧和经验。"年轻人顿悟。

老子认为：江海之所以能成为一切小河流的领袖，是因为它善于处在一切溪流的下游。身处楼下的人，很容易借助阶梯，爬上更高的楼房。而已经站在楼顶的人，就很难再跃上更高的高空，因为他已经无处可借。

前面我们讲到的那位计算机博士，就是一位深谙此道之人，他主动放低自己的姿态，从一名电脑程序员做起，直到成为公司里的骨干力量。博士不怕被人"看低"，坚持从"低"做起的务实精神，正是他成功的秘诀，同时也是我们学习的榜样。

电影《阿甘正传》也能给我们一些启示。自认弱智的阿甘，从来就习惯于把自己放在一个相对较低的位置，所以他有许多可以借助的对象。因为你居下，就没人把你看成竞争对手，就没人要想方设法算计

你；因为你居下，许多自认为"高"的人，才会愿意帮助你，以此来获得一种虚荣的满足。

正因为你不争，所以天下才没有人能和你争，这才是争的最高境界，才是"大争"。阿甘就明白这个道理：他上越南战场，从来没有说要争取当一个英雄，结果他成了英雄，还受到总统的特别接见。而阿甘的上级，出身于军人世家的上尉，从一开始就争取当一个战争英雄，为家族争光，结果失去了双腿。

不争，并不是意味你根本不行动，而是要你不动声色，不显山露水。无谓的争斗，只会消耗你的能量。逞强的行为，等于为自己树立了强敌。盲目出动，只会让自己失去方向，迷失自己。只有在"不争"的状态下，人才能时刻保持冷静，才能做到像阿甘一样的简单和单纯，才能"居下"，才能"顺势"，才能成功。

在职场上，低调常常是一种很合适的战略。尤其是对于刚刚进入职场的人来说，更是如此。

首先，你应该在业务上表示低调，这并不是说需要你表示出自己业务不行，而是应该表现出你在业务上是一个"杂家"。比如在业务会上，对自己的远见卓识有意打些埋伏，留下空间给上司作总结。现在的职场很青睐综合型人才，知识丰富的杂家越来越吃香。不过，有的人只愿意做自己分内的工作，而且将分内分外用明确的界线划得很清楚，这是最令人反感的。其实，在很多时候，分外的工作对于员工来说是一种考验，能够把它做好，也是能力的一种体现。

其次，你应该在职权上表示低调。在平时要经常向上司请示汇报，不擅自做主，特别是一些决策性的工作，要等上司表态。你要记住，你的上司永远是"最上的"。要想在职场成为"魅力白领"，就得处处低调做人，高标准做事。

最后，你必须注意，不要乞求别人的认同。从表面上来看，让别人喜欢我们并没有什么害处，但是为了得到别人的认可，有时你不得不做一些违心的事情。当得到别人的认可成为你任何行为的动力时，这种心态是很危险的。总之，尽量收敛起自己的锋芒，消除上司的戒心。

课堂总结

锋芒太露容易招人嫉恨，做人越低调，就越容易获得内心的宁静。职场不可急于锋芒毕露，初来乍到，必须尽快熟悉"圈子"里的人和事，在平时最好保持沉默，用谦虚诚恳的态度向同事学习业务知识，有些知识是在学校和书本上无法学到的。

亲密有间：与同事保持安全距离

距离产生美，这句话不单单适用于爱人之间，同事之间也同样适用。有人把人际交往的距离准则比作"刺猬理论"，这是一个很简单的道理，特别是在同事之间，因为理念、文化、性格等各个方面的差异，必然会造成亲疏之分。

同事关系不宜过密

李佳蔓开始走上工作岗位时，就犯了一个错误，盲目地认为每个人都是可以近距离交往的。当时，她要去的那个部门办公室正好还没有做好人事安排，所以暂时把她安排在综合办公室里。公司里的其他员工都不主动和她接近，甚至吃饭也不搭理她，她觉得很孤单，刚刚走出大学校门的她，不知道该怎么样和同事相处。综合办公室里有位大姐倒是非常的热情，对佳蔓嘘寒问暖，让佳蔓感觉到很温暖。对于大姐的热心帮助，她觉得很感激，就这样拉近了她们之间的距离。

没过几天，大姐就劝说李佳蔓去跑一个直销，这时候，佳蔓才意识到大姐这么和她套近乎，是想让她做直销。李佳蔓对直销没有兴趣，所以多次委婉地拒绝了大姐。但是，大姐通过一些平时的言语和交谈，得知了李佳蔓很多私事和她的想法，而这位大姐恰恰和公司副经理走得很近，有意无意地就把李佳蔓的一些情况告诉了领导。因为李佳蔓平时说话不注意，什么话都和那位大姐说，造成了领导对她的印象特别不好。

每个人都愿意和自己情投意合的人相处，这是很正常的事情。但在一个集体共处的时候，不要把同事关系搞得过密。因为你喜欢和这个人说话，就有意无意地疏远另外一个人，这样就会造成另外那个人的不快。所以，和每个人之间的关系、距离都要有一个度，有一个恰当的距离。

所谓的趣味相投，就是指有共同的爱好、兴趣才能走到一起。如果同事之间交际过近过密，个性差异发生碰撞，反而会损害彼此间的关系。再者，同事之间虽是事业的合作者，但又是利益的竞争者，在名和利面前，往往就会有摩擦。所以，同事相处，既要密切配合，又要保持适当的距离。

与同事交往宜"同流少合污"

你生活在公司一个团队里面，不管你如何自视清高，你都不可能离群索居。况且，很多的工作，必须是和其他成员通力合作才能实现的。这个时候，你就必须学会与团队其他人合作。

每个人都有自己的小圈子，突然被推到一群陌生的同事当中，的确面临一个艰难的选择：是保持自己的个性，还是尽快融入陌生的环境？你可能会觉得与其跟一大帮无趣的人混在一起，还不如坚守自己的空间。于是，你不和同事做朋友，不和同事说知心话，不和同事分享秘密，与同事的关系越来越疏远，但是，你渐渐发现自己的工作越来越困难，虽然自己谁也没得罪，可一些负面评价老是陪伴左右。最后，你才明白，其实人的最本质特性就是社会性。人们总是寻求同类，排斥异己。所以，与同事多"同流"会帮助你尽快摆脱困境。

可见，不管你情愿与否，你必须与办公室的那些小圈子里的人"同流"，因为不管你看不看得惯，他们都存在，他们都会对你的工作产生影响。

当然，随大流也不是没有原则的，因为"同流"难免会遇到那些"烂苹果"式的同事，因此，我们要坚持"同流不合污"的原则。一是你不能对不是圈子里的同事采取排斥态度，真的"拉帮结伙"；二是如果这个圈子真的开始"结党营私"，牟取私利，比如统一口径、虚报加班费的话，你就要与他们保持一定的距离。

课堂总结

和同事保持适当的距离是很必要的，这样能给自己省去很多的烦恼，不会因为你和什么人走得过近或过远给你造成一些不必要的麻烦。工作就是工作，不要因为私人感情疏远或亲近某个同事，在团体内部造成一种小圈圈，这样的结果就是把自己套进了自己设的圈套里。

祸从口出：管好你的嘴

管好自己的嘴，不是要你一言不发，而是要你做一张好嘴。一张好嘴必须心口如一，言而有信，真诚坦白，切记"祸从口出"。行走于职场，必须要多一份理性，懂得如何管好自己的嘴，懂得什么时候该说，什么时候不该说，什么时候该说什么样的话，以及如何把话说得最有效。因此，要做到少一些冷漠，多一份热情；少一些挖苦，多一份含蓄；少一些不满，多一份宽容；少一些讽刺，多一份关爱，少一些漠视，多一份肯定与理解！

说话之前，三思为妙

在中国素有所谓"逆鳞"一语，即使再驯良的龙，也不可掉以轻心。龙的喉部之下，约直径一尺的部位上有"逆鳞"，全身只有这个部位的鳞是相反生长的，如果不小心触摸到这一"逆鳞"的人，必会被激怒的龙所杀。在办公室中，也有像"逆鳞"一样的禁区，说话时一定要打起十二分的精神，因为说错了话很可能会给你带来严重的后果。说话之前，要搞清楚哪些话该说，哪些话不该说。下面是在办公室说话时必须注意的问题：

● 别把办公室当辩论场

在办公室里与人相处要友善，说话态度要和气，要让人觉得有亲切感。说话时，更不能用手指着对方，这样会让人觉得没有礼貌，让人有受到侮辱的感觉。工作中很多时候，大家的意见不可能完全统一，有意见可以保留，如果一味好辩逞强，会让同事们对你敬而远之，久而久之，你不知不觉就成了不受欢迎的人。

● 别总炫耀自己

即使你的专业技术很过硬，即使你是办公室里的红人，即使老板非常赏识你，这些也不能成为你炫耀的资本。再有能耐，在职场生涯中也应该小心谨慎，强中更有强中手，倘若哪天来了个更加能干的员工，那你一定马上成为了别人的笑料。

● 别在办公室里讨论私事

我们身边总有这样一些人，他们特别爱闲聊，性子又特别直，喜欢向别人倾吐苦水。虽然这样的交谈能够很快拉近人与人之间的距离，使同事之间很快变得友善、亲切起来，但事实上，鲜有人能够严守秘密。所以，当你的生活出现个人危机，如失恋、婚变之类，最好还是不要在办公室里随便找人倾诉；当你的工作出现危机，如工作上不顺利，对老板、同事有意见，有看法，你更不应该在办公室里向人袒露胸襟。

办公室是闲话的滋生地，工作间歇，大家很愿意找些话题来放松一会儿，为了不让闲聊入侵私域，最好有意围绕新闻、热点、影视作品谈天，避开个人问题。

● 不在背后论人长短

如果你深知职场难混，明白要小心处事的道理，就不应该在背后说人长短。不只是"长舌妇",许多人都有背后论人是非的习惯,其中,所论的大多是"非"。这种攻击通常是在非利益冲突前提下说的,于是论人者觉得自己不背负道德意义上的责任,也就放任自己,对自己的这一"恶行"不加反思及制止。这是因为他没有意识到自己所做的事情的严重性,也没有想到这将给他带来的严重后果。

总之,在办公室中讲话一定要有分寸,不经大脑就脱口而出的话通常会伤害你自己,古人告诉我们"三思而后行",这样才能不出大错,而在办公室中,你也一定要"三思而后言"才行。

多做"喜鹊",莫做"乌鸦"

在交际中,人们都喜欢听赞扬的话,听到这些话就像遇到"喜鹊唱枝头",令人高兴振奋,从而对说话人产生好感。人们最讨厌听贬损、恶意挑错的话,听到这些话就像清晨碰上"乌鸦头上叫",使人扫兴,产生反感甚至憎恶。特别对于每天都要见面的人,你就更应该多做喜鹊,莫做乌鸦。

不论对方是什么样的大人物,其人性及心理都是相似的。你若多赞美,多为对方考虑,这样就可以缩减彼此之间的距离,最后赢得对方的心。赞美的形式很多,戴高帽可谓其中比较厉害的一种。戴高帽的妙处在于,你将对方捧得高高的,让他处于一种骑虎难下的境地,从而不得不接受你的观点。

在与人交往的日常生活中,有一些赞美他人的技巧是非常简单,但又非常实用的,例如,老百姓常用的"遇物加钱"与"逢人减岁",就是最简单和最实用的赞美方法。

"遇物加钱"这个方法很能讨对方欢心,而操作起来又很简单,你只要对对方购买的东西的价格高估就可以了。譬如说别人一件衣服是100元买的,你则可以告诉他,那件衣服至少值150元。当然价格高估也要注意一个度,首先你要对商品的物价心里有底,其次是不能过于高估，否则收不到好的效果。

与遇物加钱对应的就是"逢人减岁"的做法。又有谁不希望自己永远年轻呢？这种技巧的特征在于把对方的年龄尽量往小处说，从而使对方觉得自己显得年轻，保养有方，进而产生一种心理上的满足。譬如说，一位三十多岁的女人，你说她看上去只有二十多岁，一个五十多岁的人，你说她看上去只有三四十岁，这种"美丽的错误"，对方是不会认为你缺乏眼力，对你反感的，相反，她会对你产生好感，形成心理上的相容。

总之，不管何种形式的赞美，其实就是投其所好。美言一句三冬暖，恶语伤人六月寒。人们喜欢赞美多于批评，因此，要学会多做赞美与肯定别人的喜鹊，少做批评别人的乌鸦，这样才会赢得别人的喜欢与尊重。

别做嘴巴上的大独裁者

在与人交往中，你是否注意到自己说话的方式、语气和态度。譬如说，注意自己是否是一个盛气凌人的人，是否是一个固执己见的人，是否是一个不给别人机会阐述不同意见的人，或是否有人在听你讲话时要离开，或看上去在绝望地环顾四周要找一条最近的路逃开。如果你是所说的其中一种人，那么，你就是沟通中的"大独裁者"。在沟通中，人们最讨厌这种人。因此，在与人交流时，切忌以自我为中心，只想让别人听自己的，用威胁、居高临下的口气，这样难以达到互动的交流效果。

要避免自己无意之中成为了沟通的独裁者，就必须要少说多听，多给别人说话的机会。不管对方如何木讷，如何不善辞令，既然是交谈，就要时刻注意给别人以说话的机会，不能一个人唱"独角戏"，只管自己说得痛快，不让别人插上嘴。

有位作家说过："要把耳朵而不是嘴巴借给别人，这才是通向成功的捷径。"这是简单的原则，但它是很重要的。我们都有相同的感觉，试想一下，若有人愿意花时间来聆听我们，这种感觉不是很好吗？

聆听是使自己受人欢迎的最基本的技巧。一个好的聆听者在任何时候都比一个好的谈话者更受人欢迎。记住，要更多地使用"你"和"你的"这些字眼，避免说"我"和

"我的"，要把注意力集中在他人身上。这里有三条使你成为一个好的聆听者的经验之谈：

1. 用眼睛聆听。要看着正在说话的人，用眼睛作出反应，即使你一言不发，你的眼睛会显示出你是否真的在聆听。

2. 问对方感兴趣的问题。如果你真正善于聆听，问题就会自然进入你的思想中。如果你关心人们说的话，并为此而提出问题，那是对他们的赞美。

3. 不要打断别人的说话或改变话题。即使你迫切地想谈其他事情，也不要着急. 认真地聆听别人，直到他们说完。任何打断别人说话或突然改变话题的情况，都使说话者觉得是一种羞辱，即使他们似乎没留意。

如果你真正关心别人，聆听不是难事。聆听的关键是关心，随着你关心更多的人，你就会发现自己更多时候是在聆听，而不是说话。这不会是被迫的，它将成为关心和礼貌的一部分。事实上，大多数人际关系技巧就是关心和礼貌的实际运作。

课堂总结

有时候我们需要沉默，有时候又需要疾呼。美言一句三冬暖，恶语伤人六月寒，要学会赞美与肯定别人，这样才会赢得别人的喜欢与尊重。嘴的功能很多，关系是要把握说话的火候与时机。身为职场人士，管好自己的嘴巴，就等于减少了不必要的麻烦。

搞定"鬼老板"，非得"鬼办法"

无论是员工，还是老板，都可以"炒"对方的鱿鱼，但通常情况下，员工被炒的可能性更大。这是美国著名的职业指导专家 Bob Weinstein 说过的最为令人感触的一句话。

在职业生涯中会遇到各式各样的老板，有的专横跋扈，有的自私自利，有的刚愎自用，有的任人唯亲……这是职业人士最不愿碰到的"鬼老板"，但不管是什么样的老板，我们选择的余地都很小，因为任何一家企业公开让你选择的只是空缺职位，却绝无可能让你来选择老板。因此，在别无选择的情况下，我们只有运用不同的"鬼办法"，才能有效地搞定"鬼老板"。

做能影响老板的一流员工

老板和下属的关系，就像夫妻关系、婆媳关系一样，是一对难解难分的复杂关系，经常是爱恨情仇相加，始终问题重重。如何面对老板，是我们永远面临的一道难题。与老板的关系决定了我们的职业生涯是否美满和谐，如果你想要一个成功的职业生涯，就必须和老板搞好关系。

在职场生涯中，有时候真的会很失意，很没有面子，甚至没有尊严。特别是有些坏老板，他们把员工当水龙头一样任意开关。前一天他称赞员工的工作表现以提高士气，隔天却攻击员工的弱点，打击员工的自信心，伤害员工的自尊。如果遇到这样的上司，还是 36 计走为上计，哪怕当时吃点亏，受点伤害。但是，通常情况下，我们选择老板的余地会比老板选择我们的余地小，况且，任何老板都或多或少有着这样那样的问题。正如前面所说，换工作不如换心情，与其换老板，不如转变我们的处事策略，做一个能够影响老板的人。

如果将职业生涯比喻为一场人生的舞会，老板就是那个与我们共舞的人，怎样与老板聪明"共舞"呢？怎样才不陷入脚步错乱甚至误踏对方锃亮皮鞋的尴尬呢？答案是，只有学会做一个能对你的老板产生影响的人，才能最终改善自己在工作中的不利地位。

有人将公司的员工分为三类：三流的员工，命运由老板决定，赏罚去留均由不得自己；二流的员工，可以坐下来跟老板谈谈自己的条件，老板在某种程度上也会考虑几分；一流员工，不但去留自己决定，还能"影响老板的决定"。

毋庸置疑，每个人都想做可以影响老板的一流员工。其之所以能够影响老板，除了真诚和其人格魅力之外，最重要的就是懂得抓住最佳时机，果敢地表现自己。一流员工与其他人的本质区别仅仅在于，不管对方是怎样的老板，他们都能够抓住机会，用适当的方式来表现自己，从而影响到老板。

某公司总裁精力旺盛，而且对流行趋势反应极其敏锐。他才华横溢，精明干练，但是管理风格却十分独裁。对部属总是颐指气使，从不给他们独当一面的机会，人人都只是奉命行事的小角色，连主管也不例外。

几乎所有的主管只能得过且过地混日子，却无计可施。然而，有一位主管却不愿意向环境低头。他并非不了解顶头上司的缺点，但他的回应不是批评，而是设法弥补这些缺失。老板颐指气使，他就加以缓冲，减轻属下的压力，同时设法配合老板的长处，把努力的重点放在能够着力的范围内，受差遣时，他总尽量多想一些，设身处地地体会老板的需要与心意。如果奉命提供资料，他就附上资料分析，并根据分析结果提出建议。

有一次，总裁外出，当天半夜里，保安紧急通知几位主管，公司前不久因违纪开除的三个员工纠集外面一帮人打进厂里来了，已打伤了数名保安和员工，砸烂了写字楼玻璃门。其他几位主管因为对总裁心怀不满又不愿担负责任，就干脆装作不知道。而那位积极主动的主管接到通知后，立刻赶赴现场，他首先想到的就是报警，接着又请求当地治安队员火速增援。为控制局面，他用喇叭喊话，同对方谈判，稳住对方，直到民警和治安队员赶来将这帮肇事者一网打尽。

这件事情过后，他赢得了其他部门主管的敬佩与认可，总裁也对他极为倚重，公司里任何重大决策必经他的参与及认可。总裁并未因他的表现受到威胁，因为他们两人正可取长补短，相辅相成，产生互补的效果。

员工与老板的利益是对立的，这一事实无法改变——给企业创造价值、体现自身价值为老板所用，而能否掌握自己的命运，就看你影响老板的招数如何了。做老板不容易，想做一个自己掌握命运的员工也不容易。人生道路，可能在老板手下，也可能自己成为老板，但是无论如何，都应该分析不同位置的处境，学会影响你的老板，恰到好处地推销自己，使自己多一份胜出的机会。

这样对老板说"No"最有效

与老板处好关系，不等于讨好、谄媚老板。在老板面前，想说"爱你"不容易，想说"No"更难。一个"No"字得罪了上司，就好比摸了老虎屁股，小心被咬得遍体鳞伤，甚至永无翻身之地。

当然不能简单一个"No"字应付上司，必须做一做这个"No"字的文章。晚清，有一位广东的官员去见慈禧太后，慈禧问他："你是广西人吗？"这个简单的问题差点儿把这位官员的命都问没了，因为他既不能回答"是"，也不能回答"不是"，回答"是"是欺君之罪，回答"不是"则是犯上。还好，这位官员毕竟是久经官场，他的官场机智总算救了他一命，他回答说："是的，我是广东人。"

以肯定的方式去否定上司，这种职场的谋略和艰辛，只有经历了才会懂。

"不"是一个简单的字眼，但并不容易脱口而出。婉谢而不要严拒，温和地回应总能避免直面的尴尬。合情、合理而又彬彬有礼的婉拒，不至于伤害彼此的和气和未来的合作良机。

某食品公司的经理设计了一个商标，开会征求各部门的意见。经理报告说："这个商标的主题是旭日，象征希望和光明。同时，这个初升的太阳的图案很像日本的国旗，日本人看了一定会购买我们的产品的。"然后他征求各部门主任的意见。公关部和市场部都极力恭维经理构思的高明。

最后轮到代表销售部主任的青年职员发表意见，他说："我不同意这个商标，因为我担心它太好了！"

经理笑了起来，说："这倒使我不懂了，你解释一下看看。"

"这个设计鲜明而生动，自然是毫无疑问的，因为与日本的国旗相似，无论哪个日本人都会喜欢的。"

"是啊，我的意思正是如此，这我刚才已经说过了。"经理有些不耐烦地说。

"然而，我们在远东还有一个重要市场，包括中国以及东南亚国家，这些国家和地区的人们看到这个商标，也会想到日本的国旗。尽管日本人喜欢这个商标，但是由于历史的原因，这些国家和地区的人们就不一定喜欢，甚至可能产生反感。这就是说，他们不愿意买我们的产品，这不是因小失大了吗？照公司的营业计划，是要扩大对中国和东南亚国家及地区贸易的，但用这样一个商标，结果是可想而知的。"

"我怎么没有想到这一点，你的意见对极了！"经理几乎叫了起来。

要向一位有权威的人表示反对意见或拒绝，你必须要有充分的理由，更要使他完全信服。因此，技巧的运用不能不讲究。

总之，"不"字不要轻易说出口，即使要说，也要讲究方式方法，特别是遇上一个性格比较直接、比较独断的老板，当众反对他是下下策，好的方法是个别交谈表达自己的意见。而且对老板简单地说"不"是不明智的，提供自己专业、独到的建议才是最有效的。

因人而异搞定你的老板

古语道。嫁鸡随鸡，嫁狗随狗。你选择了老板，同时也就选择了适应老板。爱飞的老板，你得陪着亮亮翅膀；爱游的老板，你得扑腾几下……总之，你的老板是哪种性格的人，你就得用相应的方法去适应他。只有有这样，你才能影响你的老板，才能使自己的才能得到充分的发挥。

譬如有的老板喜欢职员没事也泡在办公室里，他认为那是一种现代人的感觉，哪怕效率再低。这种情况，即使老板不曾开口，你也要常常陪陪他，影响他，或者找个高效率的老板让他对比下，让他自惭形秽，然后思过。还有一种老板喜欢晚上开会，越晚越好，每次把下面的人开得眼圈发黑，他心里则暗自得意。这时你就得练就一身夜场的本事，否则在昏沉当中，不小心把老底都抖了。

如果碰上老爱抢他人功劳的老板，你除了愤愤不平外，可能还会觉得沮丧不已。此时若直接向老板哭诉，可能并不能改变既定的局面，反而还会落得搬弄是非的嫌疑；百般忍让只会更加助长小人的气焰；以牙还牙、互相报复换来的将是无休止的办公室争斗。更惨的是如果你愤而离开，想另谋高就的话，在大家都不知情的情况下，这种上司很有可能"猪八戒倒打一把"，给你贴上能力不足、绩效不佳的标签，影响你以后的职业生涯。手足无措之际，建议你不妨先忍耐一时，等待事过之后再说明原委，或者将此经历默藏心中，以后及早提防。当然最好的办法是积极应对，采取防范措施，来捍卫和维护自己的利益。

在职场中，由上而下逐级安排和由下而上逐级汇报是一般的工作程序。但当你的才能过于突出，有取代你的顶头上司的可能时，上司往往会抱着潜龙勿用"的态度，处处压制你。这样，你的事业就会受到限制，只有越级汇报工作或者越级表现自己，你的才能才会被上司的上司发现，为改变自己命运做好铺垫。

再比如针对太务实的老板，最好让他撞撞南墙，让现实和挫折给他点下马威。

总之，只要用心，任何老板你都可以搞定他，只是方法要因人而异。

课堂总结

有人把职场比喻成野生动物园，而老板无疑是属于猛兽类，不是老虎，也是狼。但是，我们要知道，老板毕竟也是人，人性共有的品质和缺点，他们都具备。与其不停跳槽，重新选择老板，不如想办法应对。不管什么样的"鬼老板"，总是有办法应付的，关键在于你是否用心。

把每个人当作你的贵人

很多人相信"爱拼才会赢"，但是有些人拼尽全力也没赢，有一个很重要的原因就是缺少贵人相助。有人做过统计，90%的中高层领导有被贵人提拔的经历；80%的总经理要得到贵人赏识才能坐上宝座；自行创业成功的老板100%受恩于贵人。工作中的每个人都可能成为你生命中的贵人，包括为难你的人、你的对手、一些不起眼的小人物。

谁是你生命中的贵人

谁是你生命中的贵人？每个人都可能无法给出完整而明确的答案。但是，在每个人的有限的人生际遇中，都曾经得到过别人无私的帮助和提拔，这种人就是你生命中最典型的贵人。这种贵人是显而易见的，但是有的贵人是隐秘的，甚至是最容易让人忽视的。显然，想抓住贵人，必要先能识别出贵人。对于贵人，各有各的说法，下面总结出了九种职场贵人，提供给大家参考。

第一种贵人：懂得欣赏你的人。一个愿意发现你的长处、欣赏你的长处、接纳你的长处的人，肯定是你的贵人。有些上司虽然发现了你的长处，但是他未必可以喜欢及欣赏它，更别说接受它！

第二种贵人：愿成为你的榜样的人。贵人言行一致，讲到就肯定做得到，他们往往不喜欢夸大，常会默默地做，做比讲来得多。

第三种贵人：无条件挺你的人。如果有人愿意挺你，他肯定是你的贵人。他之所以愿意无条件地挺你，只因为你是你，他相信你这个人，他接受你。当他知道有小人在你背后中伤你，说你的不是时，他会挺你，帮你说话来澄清。

第四种贵人：愿意唠叨地提醒你的人。因为他关心你，所以他才会唠叨；因为他在意你，所以他才会唠叨。他的唠叨是提醒，在事情发生前，他希望你可以少走冤枉路。

第五种贵人：愿意生你气的人。如果他还愿意生你的气，你就得感激他，这说明他还很在乎你。试想想，如果你完全不再爱对方，你会理会他吗？爱的相反并不是恨，而是冷漠。如果我们恨对方，这说明其实自己还是很爱他，如果你对对方所做的一切一点感觉也没有，这叫做冷漠，这才是完全不爱了。

第六种贵人：愿意和你分担分享的人。很多人会在有难时离开你，但是当你有成就时，他们就想要和你一起领功。没分担，只要分享，这哪里可能？可以陪同你分担一切的苦，分享一切的乐，这是贵人。愿意陪同他人经过这过程的人，也是贵人。

第七种贵人：教导及提拔你的人。他看到你的好，同时也了解到你的不足之处，他能协助你，提拔你，他不嫌弃你，不是你的贵人是什么？如果你也想当你伙伴的贵人，那你得提升自己的能力，成为他人的教练，好好地教导及提拔他人。

第八种贵人：愿意遵守承诺的人。贵人都只同意自己愿意遵守的承诺，因为他们能够很清楚地知道自己的能力所在。

第九种贵人：始终不渝信任你的人。如果你问自己是不是其他人的贵人，那你是否有好好栽培对方和相信对方？贵人是不会放弃他的组员的，贵人会相信对方。贵人会视对方无罪，一直到对方被定罪为止，这代表贵人会完全相信他的伙伴，全力支持他。

其实，在人的一生当中，除了家人，与你共处时间最久的，恐怕就是公司的同事和上司了。在所有的人际关系中，与同事和上司之间的关系是你人生当中最重要的关系之一，同事和上司是你职业生涯中最重要的"贵人"。

抓住贵人的锦囊

抓住贵人，并非套近乎、拉关系。自然的、合理的做法是珍惜一切机会，将你喜欢的、讨厌的、鄙视的、畏惧的、形形色色的人交到你手中的工作干好，机会就会越来越多，贵人就会越来越多。

抓住贵人，就是要被持有权力、资源的贵人认可并重视，授权和提拔，直奔成功。但是记住，这样的机会基本上不属于职场新人。当你放弃了过高的预期，把注意力放在做好眼前的每件事上时，也许哪天你就真的"中奖"啦！在生活中，经验常常是偶然获得的，不论你遇见什么人，旅行到什么地方，从事什么新的工作，随着年岁的增长，你都能获得经验。尽管如此，你仍然能够计划你的生活，并且应该将生活安排好，以便从中学到更多的东西。你不要凡事听任自然，要让它们按照某种方式发生，以帮助你更好地生活。

要想抓住机会，就要把握和领导交际的时机，多参加同仁间的聚会活动。现今的年轻上班族，愈来愈重视个人时间与自我的生活，有的人也因此疏忽了办公室中人际关系的经营。其实利用非公事的场合，如吃饭、唱KTV，不但可拉近与领导及同事间的距离，还可增进情谊及相互了解，彼此相处和谐，做事也才能更加愉快有效。

很多领导都认为，扩展人际网络最好的方式就是读书。在阅读好书同时，将内容与其他人分享，对于情报网络的建立将有莫大的裨益，在资讯爆炸的年代，读书将是获得资源相当有效的方式。

在这个集体生活的社会，存在着各式各样的人，不管你喜不喜欢，领导就是领导、客户就是客户，这是无法改变的事实。新进公司的前三年，正是锻炼处理人际关系能力的时期。紧张兮兮、神经质的毛病、性急草率的客户，从正面的角度来看，也可以是细心谨慎的习惯。以凝视优点的方式看人，会意外发现很多人都很好相处。

在客户的名片背面记载该位人士的相关信息。交换名片不只是了解对方的职衔，对于新人而言，更是扩展人脉的第一个方法。将和客户接触的日期、讲座的事项甚至是人物性格，都可以简短记录在名片背面，久而久之，就是一个很好的人脉资料库。

良好的人脉关系同样需要维护和经营，平时互相不来往，相当于不存钱；有事才想到找人帮忙，相当于从存折中取钱，只取不存，账户迟早会空的。平时要多与朋友联系，感谢朋友的关心和帮助，同时也要适当地拜访朋友，主动关心朋友、帮助朋友，这样可以增进了解、培养感情。感情的培养，需要一点点地累积，这样你的人脉不但能持久稳固，而且会更光亮。朋友多的人会借助频繁的交往得到更多的朋友，长此以往，贵人在你的生活中将无所不在。

把鲜花送给每一个人

很多人错误地认为公司领导才是自己最大的贵人，只要自己尽心尽力，取得业务实绩，赢得上司的赏识和老总的欢心，加薪提升就指日可待了。他们对于那些一般的行政人员，则没有给予应有的尊重，认为得到他们的协助是理所当然的，所以平日就对他们指手画脚，急躁起来甚至会对他们颐指气使，拍桌瞪眼。其实这是一个非常严重的认识误区。

事实上，办公室里的每个人都很重要，有些办公室人员的职位虽然不高，权力也不怎么大，跟你也没有什么直接的工作关系，但是，他们所处的地位都非常重要，他们的影响无处不在。那些平日不起眼的所谓

"小人物"，其潜能会让你大吃一惊，甚至影响到你的业绩和升迁。在职场上，有很多能力超群、业绩突出的优秀人才，往往因忽视小人物而大栽跟头，壮志难酬。

有一家公司，行政部和财务部两个部门的经理都是大学毕业生，年龄、经历相仿，都非常有才华。行政部门经理为人和善，善于走群众路线，在日常工作中，对下属分寸得当，恩威并施。

而财务部经理虽然工作成绩也是不凡，但在对下属的管理中，却严厉有余，温情不足，有时甚至很不通情达理，缺少人情味。

长此以往，终于各得其所，在不久的一次公司内部的人事调整中，行政部经理不但工作颇有业绩，而且口碑甚佳，更符合一个高层领导的素质要求，被提拔为副总经理。而那位财务部经理虽说工作也干得不错，但没料到下属中有一位他从来不放在眼里的"小人物"的父亲是本公司的总经理，他有失人情味的管理方式，在领导眼里其实不利于笼络人心，不利于留住人才，因此他只好继续做他的部门领导。

要想有一番作为，切记：把鲜花送给身边所有的人，包括你心目中的"小人物"。不要总是时时处处表现出高人一等的样子，要知道，再有能力的人也不可能把所有的事情都办好，再优秀的篮球运动员也不可能一个人赢得整场比赛。

课堂总结

在攀登个人事业高峰的过程中，贵人相助，不可或缺。也许在某个关键时刻，贵人推一把，就可使你"鲤鱼跃过龙门"，有了施展抱负的舞台。工作中的每个人都可能成为你生命中的贵人，懂得珍惜和善加利用你所拥有的资源达到目标，这样的人生才是高效率的人生。

第7课

提　升

　　不知你们是否留意，虽然成功者与平凡者在外在的形象上没有多少的差别，但是稍有眼光的人，一下就能分辨出他们的真正身份。这是什么原因呢？答案就是，成功者通过自己的言行举止表现出一种吸引人的气质，这种气质就像黑暗中的夜明珠一样闪烁着光芒，而平凡者却是截然相反。这种成功的气质，就是一个人的影响力，这种影响力就像磁铁一样，会吸引和影响别人。每个人只有不断地增强自己的影响力，才能不断得到能力的提升和老板的重用。

成功者的"磁场效应"

每个人的身上都有一个看不见的磁场，只是磁力的强弱不同而已。这个世界不是你影响别人，就是别人影响你。成功的人就是那些具有超强影响力的人，当然也是那些具有超强磁场的人。

每个人都有一个看不见的磁场

虽然成功者与平凡者在外在的形象上，没有多少的差别，但是稍有眼光的人，一下就能分辨出来。这是什么原因呢？答案就是，成功者通过自己的言行举止表现出一种吸引人的气质，这种气质就像黑暗中的夜明珠一样闪烁着光芒，而平凡者却是截然相反。成功者像磁石一样，由内到外有着一种吸引别人的超强能量，他们就是通过不断地提升这种能量，从而去影响和改变周围的环境。

怎样理解这种成功者的气质呢？拳王穆罕默德·阿里每次在比赛开始时都会充满自信地说："我是最棒的！"感觉他在气势上就赢了对手一筹。由此可见，成功者的气质就是这样一种力量——一种"感觉很棒"的内在力量，也是一种"影响世俗"的外在力量。一旦你拥有了成功者的气质，你就被赋予了能量与活力，自然而然地由内而外散发出一种光辉，促使你达到生命的巅峰。

无论你是一个成功的企业家，还是一位初中老师，或者仅仅是一家百货公司的售货员，成功者"内在的力量"正是让你越过一些既定的标准而鹤立鸡群的某种特质。回忆一下，你所参加的宴会中是否有某个人就像磁铁一样，不管他站在哪里，身边总是有一堆人围绕着他。再回忆一下，商业会议中是否有某些人，不管他们的头衔是什么，总是不由得令人肃然起敬，还有一些人，不管他们在什么场合出现，总是能让大家放松心情，让人渴望结交认识他们，并让人自觉地信赖他们。这就是成功者的气质——成功者的视觉标识。

如果我们把成功者的这种"内在的力量"比喻成一种磁力的话，你会发现，成功者与平凡者的区别就在于：成功者拥有超强的磁场，而平凡者的磁场却很微弱。将这个类比不断地扩展，我们会发现，其实我们每个人都有一个磁场，只是大小、强弱不同而已。

成功所需要具备的特质

成功者异于常人之处就在于，他们身上有一种特质，一种像磁石一样吸引人眼球的"内在的力量"。总结起来，这些特质主要有以下几个方面：

● 明确而坚定的目标

明确而坚定的目标是"喂养"意念的最好"饲料"，是催人奋进的助推器，成功者深谙个中之道，他们懂得设置有效的近期和远期目标。他们清楚，如果一个人没有明确的目标，他们又怎么能够知道自己已经获得了成功呢？同时，目标如果不坚定，见异思迁，他又如何能够顺利抵达成功的终点呢？

● 很强的适应能力

适应性关系到一个人处理压力的能力，这是因为人的压力主要发生在他进行转变或改革的时候。成功者不仅有能力去适应转变，而且能促进转变。高水平的成功者知道，转变与冒险是相互伴随的，对成功者来说，适时地转变不仅是需要的，而且往往是必不可少的。因而一个人如果想获得成功，就一定要能够适应这种转变。

● 懂得把握当下

多数人的失败并非是因为他们无能，而是因为他们心意不专造成的：他们不是把精力集中于现在时刻，把思想集中在现在正在进行的事件上，而是沉湎于过去的失败或成功，以及预支明天的烦恼或可能。而成功者懂得最重要的是把握当下，因为他们知道，昨天已经过去而不可挽回，明天尚属未知而不可控制，他们唯一所能把握的，只有今天。

● 聚焦能力

广集资源是一种能力，一种为了达到目标而去收集有用资源的能力。资源有多种，包括人才、信息、精神和物质的资源等。成功者的这种品质能够使他得到更多的有用信息并重视和运用一般人忽视的东西，他们能够集中人才、金融资本、组织技能等等一切有助于把事情办好的资源，从而依靠这些资源走向胜利。

● 超强的个人影响力

个人影响力与个人特有的品质和特点紧密相连，人格、能力、经验以及所控制的信息都是构成个人影响力的必不可少的因素，这些因素能够使当事者对某些后果产生影响，从而增加他们的回旋余地。成功者总是能够利用任何机会和场合来扩大自己的个人影响力。他们知道，在任何方面，不能影响别人的人是永远也不会赢得别人信赖的，而得不到别人信赖的人是绝对不能把事情办好的。

● 坚忍不拔的精神

坚忍不拔、持之以恒是成功者所具备的另一个重要品质。牛顿说："胜利者往往是从坚持最后 5 分钟的时间中得来成功。"大多数的成功者之所以能够成功，就在于他们始终如一地坚持在自己的事业上。

● 乐观的精神

成功者从来都是从积极的方面来考虑问题，他们从不因为有人说他的愿望不能实现而悲观地放弃争取成功的努力。他们不仅在日常生活中运用乐观的精神，而且还把它运用到工作和事业中。在讨论他们所面临的困境时，他们不说："我遇到了障碍。"而是说："我发现了一道有趣的篱笆。"他们知道积极、乐观的语言有助于设置"意识心理"的目标，这和"有意识"的目标是同样有效的。

● 超强的创造能力

创造性是一种找出问题、改进方法的能力。创造性的发挥并不仅仅局限于艺术领地，各种事业的成功都需要创造力的运用。成功者从不一味地墨守成规，而是千方百计来找方法和措施予以创造性的改进，因为他们知道，墨守成规最多只能成为成功者的跟班。

● 时间管理的能力

成功者具备的一个重要素质是能够有效地利用时间，即能够在一定的时间内完成更多的事情。有效地利用时间并不是节约时间，实际上时间是没法节省的，因为不管你如何用它，它总是一样地在流逝。

我们所说的成功者的"内在的力量"就是包括以上这些特质，但是，相由心生，内心的力量，往往能够从每个人的脸上、行为举止中体现出来，从而让人产生一种与众不同的感觉。因此，每一个希望有所作为的人，应该看看自己是否具备了以上素质，如果哪一条或哪几条不具备，那么，你就要首先想办法提高自己的素质，增强自己的磁场。

磁场有多大，成功就有多大

关于磁场的作用，下面这位教授给学生们讲的课，很贴切地说明了这一点。

有位商学院营销教授正在给学生讲一堂有关销售的课。

教授对学生说："我们无法用眼睛和手指从一堆沙子中间找到铁屑，就像我们很难从茫茫人海中找到我们的顾客一样。然而，有一种工具能帮助我们迅速地从沙子中间找到铁屑。大家可能都想到了，这种工具就是磁铁。"说着，教授从包里掏出一块磁铁，把它放在沙子里面搅动着，在磁铁的周围很快地聚集了箭镞似的铁屑。教授把那一团铁屑举给学生们看，他说："这就是磁铁的魔力，我们用手和眼睛无法办到的事，它却能够轻而易举地做得很好。"

学生们都瞪大了眼睛，注视着教授手中司空见惯的奇迹。

教授说："如果说这一盒沙子就像我们面对的生活、挫折和枯燥的书本，那么，这块磁铁就是一颗充满爱的心。心在哪里，你的财富就在那里——如果你有一颗充满爱的心，那么，它会在你的书本里、在你的生活中寻找，从中找到许多有益身心的知识，就像磁铁能吸出铁屑一样。但是，一颗不懂得爱的心却像你的手指，它在沙子里面找呀找，可怎么也找不到一点点铁屑。难道不是吗？同学们，只要你有一颗热爱生活的心灵，你就总是能够发现，每一天都有收获，每一天都有积累，每一天都有值得高兴的事情。"

教授一边演讲，一边让学生们轮流做沙子和磁铁的游戏。他打着毋庸置疑的手势，声音洪亮地告诉学生们："心在哪里，你的财富就在哪里——不论你们今后遇到怎样的困难、怎样的逆境、怎样的迷茫，都要相信这句至理名言。不论何时何地，只要有一颗真正的爱心，你们就能像磁铁一样，吸引到有用的资源、美好的事物以及幸福的生活。"

教授说得很好，爱心的确就像一块具有超强磁力的磁铁，能够吸引很多的资源。但是仅仅有爱心是不够的，要想成为一个成功者或者说要想不断地提升自己，你需要时时问自己："我的磁场有多大？"反省的同时，不断地增强你的磁力，扩展你的磁场。

苏芮有一首歌这样唱道："谁能告诉我，谁能告诉我，是我们改变了世界，还是世界改变了我和你？"很多的时候，我们都会有着相同的迷惘和困惑。我们也曾经有过改变环境，使自己变得卓越的豪言壮语，可现实中，我们中的大部分人却随波逐流，被环境所改变。究其原因，主要是磁场不够强大，难以对抗别人的影响。

现代社会，一个人要想取得事业上的成功，必须不断拓宽自己的磁场能力，换句话说，磁场有多大，成功就有多大。然而，要增强自身的磁场，却不是一蹴而就的事，也不是一件简单的事，它需要强烈的企图心、自信、热情、耐心、爱心等等。凡是成功者必须具备的特质，你都需要努力通过学习获得，这样你才会成为一个具有超强磁场的人，一个能够影响任何人的成功者。

课堂总结

磁场有多大，成功就有多大！每天都要自问："我的磁场有多大？"通过自省来提醒自己不断增加磁力，做一个能够影响别人的人——一个成功的人。

心有多大，事业就有多大

央视有句广告语说得好：心有多大，舞台就有多大。你的未来是什么样子，你想取得什么样的成功，一切都取决于你的心有多大。这颗心就包括你的梦想、热情、投入的精力与时间、心力、资源等等，也就是说，你所取得成功的大小，取决于你投入的程度。

你是"想要"，还是"一定要"

说到成功，人们很容易忽视一个人的企图心。企图心是一个人充分施展才能、发挥自我强烈的驱动力和追求成功的最大动力。人们只有充分认识到这一点，并将之融于工作、事业、生活当中，才能达到成功，享受美好生活。可以这样说，企图心的大小，决定着事业成功的大小。

拥有超强企图心的人与常人的区别就在于对成功渴望的强烈程度，普通人只是想要成功，而有着强烈企图心的人，则是一定要成功。

"想要"和"一定要"是不一样的，很多事情看起来很困难，可是当你下定决心以后，它就变得非常简单。很多人时常把下定决心挂在嘴边，随便说说，今天说："我决定要这么做了。"明天又说："我决定要那么做了。"后天又说："我决定放弃了。"他们都没有把下定决心当作是一件严肃的事情。真正的决定应该是一种强烈的欲望——不成功绝不罢休的欲望。

譬如说有很多的人想戒烟、转行、突破自我，可是经过了很多年，尝试了很多次，还是不成功。如果他们懂得这一种观念，他们的人生将会有相当大的转变。因此，千万不要在那"想"成功，你想成功一辈子也不会成功的。

超级成功者跟一般人最大的差别，就在"一定要"与"想要"之间。如果你希望自己的梦想能够成真的话，你就必须下定决心———一定要成功！

下定决心不仅仅是表现在信念上，更重要的是体现在工作时方方面面的具体事情上。

要使美梦成真的唯一途径就是去实践它，只要定位清晰、目标明确，你每投入一分心力，就离成功更近了一步。只有行动才是通往成功的唯一道路。

张翰富家中有 7 个兄弟姐妹，他从 5 岁开始工作。他有一位了不起的母亲，母亲经常和儿子谈心说："天生贫穷并不可怕，可怕的是在有生之年不能改变贫穷的现状。我们之所以这么穷，那是因为你爸爸从未有过改变贫穷的欲望，家中每一个人都胸无大志！"这些话深植张翰富的心中，他一心想跻身于富人之列，开始努力追求财富，12 年后，张翰富接手一家被拍卖的公司，并且还陆续收购了 7 家公司。

在谈及成功的秘诀时，他还是用多年前母亲的话回答："我们很穷，那是因为爸爸从未有过改变贫穷的欲望，家中每一个人都胸无大志。"张翰富在多次受邀演讲中说道："虽然我不能成为富人的后代，但我可以成为富人的祖先。我不仅想成功，而且是一定要成功！"

你是否有改变自己的强烈欲望？你是否有成为富人的雄心大志？你是想成功，还是一定要成功？

你的欲望有多么强烈，就能爆发出多大的力量。当你有足够强烈的欲望去改变自己命运的时候，所有的困难、挫折、阻挠都会为你让路。欲望有多大，就能克服多大的困难，就能战胜多大的阻挠。你完全可以挖掘生命中巨大的能量，激发成功的欲望，因为欲望即力量。

你就是一座取之不尽的宝藏

很多的人常常埋怨社会埋没人才，其实，更多的时候是自我埋没。由于自卑、懒惰、安于现状、不思进取等等原因，造成了自我的埋没。如果我们能多给自己一点刺激，多一点信心、勇气、干劲，多一分胆略和毅力，就有可能使自己身上处于休眠状态的潜能发挥出来，创造出连自己也吃惊的成功来。

古希腊的大哲学家苏格拉底在风烛残年之际，知道自己时日不多了，就想考验和点化一下他那位平时看来很不错的助手。他把助手叫到床前说："我的蜡所剩不多了，得找另一根蜡接着点下去，你明白我的意思吗？"

"明白，"那位助手赶忙说，"您的思想光辉是得很好地传承下去……"

"可是，"苏格拉底慢悠悠地说，"我需要一位最优秀的承传者，他不但要有相当的智慧，还必须有充分的信心和非凡的勇气……这样的人选直到目前我还未见到，你帮我寻找和发掘一位好吗？"

"好的、好的。"助手很温顺很尊重地说，"我一定竭尽全力地去寻找，以不辜负您的栽培和信任。"

苏格拉底笑了笑，没再说什么。那位忠诚而勤奋的助手，不辞辛劳地通过各种渠道开始四处寻找了。可他领来一位又一位，总被苏格拉底一一婉言谢绝了。当那位助手再次无功而返地回到苏格拉底病床前时，病入膏肓的苏格拉底硬撑着坐起来，抚着那位助手的肩膀说："真是辛苦你了，不过，你找来的那些人，其实还不如你……"

"我一定加倍努力，"助手言辞恳切地说，"找遍城乡各地、找遍五湖四海，我也要把最优秀的人选挖掘出来、举荐给您。"

苏格拉底笑笑，不再说话。半年之后，苏格拉底眼看就要告别人世，最优秀的人选还是没有眉目。助手非常惭愧，泪流满面地坐在病床边，语气沉重地说："我真对不起您，令您失望了！"

"失望的是我，对不起的却是你自己，"苏格拉底说到这里，很失意地闭上眼睛，停顿了许久，才又不无哀怨地说："本来，最优秀的就是你自己，只是你不敢相信自己，才把自己给忽略、给耽误、给丢失了……其实，每个人都是最优秀的，差别就在于如何认识自己、如何发掘和重用自己……"话没说完，一代哲人就永远离开了他曾经深切关注着的这个世界。那位助手后悔、自责了整个后半生。

很多的时候，我们是不是也像苏格拉底的助手一样，虽然拥有最优秀的才能，但就是根本无法意识到。其实，世上没有废物，每个人都是一座取之不尽、用之不竭的宝藏。自身潜藏的能量就是最大的资源宝库，而且这种资源的多少，是你自己都常常意识不到，或者难以想象的。

《圣经》中有个关于才能的故事。

基督曾经分别给了三个人才能，不过第一个人只有一种才能，第二个人有三种，第三个人则有五种。

时隔甚久之后，基督突然问起他们在此期间都做了些什么事情。

第三个人回答说："我利用五种才能努力地工作，结果却因此具备了十种才能。"

基督听完后，高兴地夸奖他："你做得很好！由于你善于利用才能，因此我将给予你更多的才能。"

第二个人也同样地增加了自己的才能。但是第一个人却说："主啊！你给别人很多的才能，却只给了我一种，这是不公平的待遇！我知道你是既严厉又残忍的主，所以我便把我的才能给埋葬了。"

基督闻言，很生气地说："你真是个又懒又坏的家伙！"随后便取走了他的唯一的才能，转而赐给第三个人。

这就是马太效应的由来，意思是说让得到多的人得到更多，让未得到的人失去更多。这其实也是现实生活中的真实写照。基于此，很多人就像故事中的第一个人一样，总是抱怨上天赋予我们的资源有限，因此裹足不前，导致现有的才能未能得到发挥，终而一生碌碌无为。

其实，上天赋予每个人的才能都是一样的，而且每个人身上潜藏的能量是取之不尽、用之不竭的。心理学家兼哲学家詹姆士曾这样写道："与应有的表现相比，我们其实只发挥了一半的潜能。"研究人类潜能的科学家估计，人类有 90% 的能力从未动用。有的专家甚至说，人类潜藏未用的才能高达 95%。部分人都不知道自己究竟拥有多少才能，但请想象一下，只要能开启潜能的宝库，我们可以成就多么伟大的事业。

深入挖掘潜能，一切皆有可能

从上面的分析中，我们可以知道，造成能力得不到正常发挥的主要原因是缺乏对自己能力的正确认识。这并不足为奇，一方面因为我们自小接受的教育，都是教我们怎样注意自己的缺点和错误。幼年时，长辈总是告诫我们这不能做、那不能做；上了学，每次考试的结果都是在告诉我们错了哪几道题；就业以后，工作做得好没人赞赏，一出了差错就立刻受到指正或斥责，难怪我们总觉得自己的能力有限。还有一方面的原因，就是有时高估了自己的能力。这并不是说我们没有能力达到预定的目标，而是说，由于我们高估了自己的能力，所以没有做好充分的准备，又不能坚持，因此惨遭失败。

成功和失败的人其实在能力上并没有很大的差异，但两者之间却有一条很大的分界线，那就是他们对于挑战潜能极限的渴望的差别。教育、知识、问题、成功、困难、挑战和你对人生的看法以及态度，这些要素组合是让你出类拔萃的主要原因。你具备潜在的能力以及特质，不管你的人生目标是什么，只要充分发挥这些潜能，就几乎都难不倒你。你主要的工作在于判断应该探索哪些才能，充分开发这些才能，并且让这些才能得到充分的发挥。以下这些方法，可以深入挖掘你的潜能，这样，一切奇迹都可能发生在你身上。

● 拓展思想的疆域

唯一能够让你停滞不前的，是你在心理上为自己设下的限制，或是放任别人为你设下障碍，每个人绝对比自己所想象的还要好。探索你的内在潜能，意味着拓展心灵的疆界。如果你自我设限，那么自然无从发现内心深处丰富的潜能。把思想的格局扩大，超越眼前的疆界，深入内心，探索深层的潜能宝藏。每当你在决定什么事情的时候，把内心自我设限的疆界抛到一边，你的能力自然大受提升，而且表现也会跟着更加出色。

● 提升进取心

养过鸭子的人都知道，鸭子有两种：一种是只会打水的鸭子，另外一种则是会潜水的鸭子。第一种鸭子只在池塘的周围、沼泽和湖畔的水面觅食，但是会潜水的鸭子则会潜入水底寻找水草上头的生物。其实人也可以这样分类，有些人安于现状，对于目前取得的成绩已经很满足，没有多大的进取心，他所具备的技能也只够应付一般的工作。但是"潜水型"的人则不同，他们有强烈的进取心，会主动寻找冒险的机会，不断挑战自己的极限. 因此，你得通过不断提升自己达到最理想的境界。光是安于自己的"舒适区"是无法让你达到这种境界的，你得专心致志地努力，以高标准要求自己，以提升自己的水准，督促自己超越目前的表现。

● 去行动，才能赢得一切

光是知道是不够的，我们必须把所知道的事情应用到行动上来。一切的想法，只有通过行动去实践才有意义。真正有胆识追寻梦想、目标以及野心的人实在寥寥可数，因此能够成就的事业自然也相对受到限制。你越是积极启动这样的能量，所能够发现的成果自然就越加丰富。记住，明白了，就应该马上去做，只有行动，才能赢得一切。

课堂总结

如果你目前的成功和事业没有足够大，原因注注是因为你的心不够大——你要取得什么样的成功和事业，完全取决于你的企图心和潜能的挖掘。所以，成功从心开始，从解除自我设限，不断挖掘自身无限潜能开始。

逆境时，勇敢做积极力量的源头

遇到问题和困难，通常会有两种情况：一种是学鸵鸟，将脑袋埋入沙里，回避问题；另一种则是学猛虎迎面而上，直到将困难解决。但是，现实生活中，大多数的人是前者，而后者却寥若晨星。工作难免会陷入低谷，这个时候你要敢于站出来，做影响所有人的源头。这样才可能抓住机会，脱颖而出。

逃避不一定就躲得过

说明环境重要性的故事莫过于"孟母三迁"了。

伟大的思想家孟子小的时候非常调皮，他的母亲为了让他受到好的教育，花了很多的心血。有一次，他们住在墓地旁边，孟子就和邻居的小孩一起学着大人跪拜、哭嚎的样子，玩起办理丧事的游戏。孟母看到了，就皱起眉头："不行！我不能让我的孩子住在这里了！"孟母就带着孟子搬到市集旁边去住。

到了市集，孟子又和邻居的小孩学起商人做生意的样子。一会儿鞠躬欢迎客人，一会儿招待客人，一会儿和客人讨价还价！孟母知道了，又皱皱眉头："这个地方也不适合我的孩子居住！"于是，他们又搬家了。这一次，他们搬到了学校附近。孟子开始变得守秩序、懂礼貌、喜欢读书。这个时候，孟母很满意地点着头说："这才是我儿子应该住的地方呀！"

后来，大家就用"孟母三迁"来表示人应该更接近好的人、事、物，才能学习到好的习惯。所谓近朱者赤，近墨者黑。"孟母三迁"历来被人们比喻成躲避恶劣环境的最典型的案例。不可否认，环境对一个人的影响是巨大的，但是，很多的时候我们如果只是像孟母一样一味地变换环境，而不提升自身适应和改变环境的能力的话，我们永远都会有被坏的环境所同化的可能。因为世界上根本就没有所谓的好环境，环境的好坏只是相对的，好的环境中同样蕴藏着难以察觉的危机，坏的环境也潜藏着积极的力量。逃避不一定躲得过，最关键的还是要从改造自我，从增强自己的影响力开始。

有一个故事，很贴切地说明了这一点。

老头坐在镇外，一个生人问他道："镇里住的是怎样的人？"

"你住过的那个镇上的人怎样？"老头回答。

"非常可爱。我在那里开心极了，他们非常和善、慷慨、乐于助人"。

"这个镇里的人也差不多。"老头回答说。

另外一个人走到老头跟前问他："这个镇里住的是什么样的人？"

"你刚住过的那个镇上的人怎样？"老头回答。

"那是个可怕的地方。他们自私、刻薄，没有一个人愿意帮助别人。"

"恐怕你会认为这里的人也是如此。"老头说。

环境有好坏，但关键在于你自身的影响力有多大。如果你是一个抱着消极想法、影响力微弱的人，你肯定会被别人所改变；如果你是一个抱有积极力量且具有超强影响力的人，环境则会被你所改变。

面对逆境，你选择做哪种人

面临逆境，通常会有两种人：一种是学鸵鸟，将脑袋埋人沙里，回避问题；另一种则是学猛虎迎面而上，直到将困难解决。有个故事很好地说明了这一点。

一位女儿对她智慧的父亲抱怨，说她的生命是如何如何的苦不堪言，自己已经无力承受。

做厨师的父亲，拉起心爱的女儿的手，走向厨房。他烧了三锅水，当水滚了之后，他在第一个锅里放进萝卜，第二个锅里放了一颗蛋，第三个锅中则放进了咖啡。狐疑的女儿望着父亲，不知所以然，只是静静地看着滚烫水中的萝卜、蛋和咖啡。

一段时间过后，父亲把锅里的萝卜、蛋捞起来各放进碗中，把咖啡过滤后倒进杯子。然后把女儿拉近，让她摸摸经过沸水烧煮的萝卜，萝卜已变软；他要女儿拿起那颗蛋，敲碎薄硬的蛋壳，蛋已经变硬；然后，他要女儿尝尝咖啡，女儿喝着咖啡，闻到浓浓的香味。

女儿惊讶地问：“爸，这是什么意思？”

父亲解释道：“这三样东西面对相同的逆境，也就是滚烫的水，反应却各不相同：原本粗硬的萝卜，在沸水中却变软变烂了；这个蛋原本非常脆弱，蛋壳内原来是液体，但是经过沸水后，蛋壳内却变硬了；而粉末似的咖啡竟然变成了水，而且改变了水的味道。你呢？我的女儿，当逆境来临时，你是萝卜、蛋，还是将令人痛苦的沸水变成了美味的咖啡？”

人生和工作中都难免会遇到这样那样的问题，就像故事中的萝卜、蛋、咖啡一样，有的人被环境所改变，有的人却改变了环境。但是，改变环境的人却寥若晨星，因为他们就像故事中的女儿一样，内心脆弱，对自己的力量缺乏自信和勇气，更害怕对抗逆境带来的痛苦。所以，成功的人往往是少数，因为只有勇者才敢于与逆境对抗，而且愈战愈勇。

很多的时候，真正能考验和磨砺一个人的正是恶劣的环境。“出淤泥而不染，濯清涟而不妖”，才是一个能够改变环境的人所具有的超强能量。毛泽东故意选择闹市读书就是一例，他就是想通过恶劣的环境考验和磨砺自己的意志，从而不断扩展自己的影响力，直到后来达到改变中国的超强能量。

也许有人会说；毛泽东是一代伟人，我们这些平凡之辈怎能望其项背。其实，平凡的人同样具有改变环境的超级能力，只是这种能量有一个不断增强的过程。

从我做起，世界可能因你而改变

美国有位名叫布里居丝的女士，发起了一个叫做蓝丝带的运动，希望每一个美国人都能拿到一条她设计的蓝丝带，上面写着"我可以为这个世界创造一些价值"。她处处散发这样的丝带，鼓励大家把丝带送给家人和朋友，以感谢那些在四周的人。她也四处演讲，强调每个人的价值。结果因为这些丝带的传送，引发了许多感人的故事，也改变了许多人的命运。

其中有一个故事十分发人深省。

有一次这位女士给了一个朋友三条丝带，希望他能送给别人。这位朋友送了一条给他不苟言笑、事事挑剔的上司，他觉得上司的严厉使他学到了许多东西，另外他还多给了上司一条丝带，希望上司能拿去送给另外一个影响他生命的人。

上司非常地讶异，因为所有的员工一向对他是敬而远之。他知道自己的人缘很差，没想到还有人会感念他严苛的态度，把它当作是正面的影响，而向他致谢，他的心顿时柔软起来。

上司一个下午都若有所思地坐在办公室里，而后他提早下班回家，把那条丝带送给了他正值青少年期的儿子。他们父子关系一向不好，平时他忙于公务，不太顾家，对儿子也只有责备，很少赞赏。

他怀着一颗歉疚的心把丝带给了儿子，同时为自己一向的态度道歉，他告诉儿子，其实他的存在带给他这个父亲无限的喜悦与骄傲，尽管他从未称赞他，也少有时间与他相处，但是他是十分爱他的，也以他为荣。

当他说完这些话时，儿子竟然号啕大哭。他对父亲说，他以为父亲一点也不在乎他，他觉得人生一点价值都没有，他不喜欢自己，恨自己不能讨父亲的欢心，正准备以自杀来结束痛苦的一生，没想到父亲的一番言语打开了他的心结，也救了他一条性命。

这位父亲吓得出了一身冷汗，自己差点失去了独生的儿子而不自知。从此他改变了自己的态度，调整了生活的重心，也重建了亲子关系，加强了儿子对自己的信心。

就这样，整个家庭因为一条小小的丝带而彻底改观。如今布里居丝发起的蓝色丝带活动正在全世界传递着，同时也正在影响着全世界不同肤色的人们——整个世界都因一条蓝色丝带而改变。可见，一切皆有可能，改变世界并没有想象中的那么难。

改变环境，最根本的方法是从自我做起。韩国励志电视剧《大长今》很好地说明了这一点。一般人到了一个恶劣的环境中，大都首先会想着如何逃避，紧接着就是一有机会就唉声叹气。但长今从不抱怨，再苦再可悲的事降临时，她也会马上睁大眼睛——去发现可突破的机会。

当我们身在一个不好的环境时，我们听到更多的是埋怨，是退缩，是逃避。环境是可以改变的，而且方法相当地多，但是前提是先学着去改变自己。

课堂总结 我们每个人都身处一个环境，企业团队、家庭、朋友圈子、二人世界等等都是一个环境，如果你要让它们变得积极而充满活力，就要下定决心以自己为源头，用自己的影响力去影响它们。

没人鼓掌，也要自我欣赏

费尔巴哈曾说："倘若我不先爱自己，崇拜我自己，我怎么能去爱和崇拜那些于我有用并给我福利的东西？倘若我不爱我的健康，我怎能去爱医生？若我不愿意满足我的求知欲，我怎能去爱老师？"一个连自己都无法相信的人，别人怎么会相信你呢？因此，每个人都要善于挖掘自身的优势，学会自我欣赏，因为这是培养自信最直接、最有效的方法。

积极心理暗示的神奇力量

心理学家所说的心理力量其实存在于我们每个人的身上，影响着我们能力的发挥、成功的获得。这样的例子在我们每个人的经历中都可以找到。比如，考试不理想，如果自己暗示自己，一次考试考不好没关系，这样心情会好许多，如果觉得考不好，随之会怎样怎样，则会愁眉不展。其实自己的心情并不是决定于考试的结果，而是决定于自己怎么想。

美国心理学家威廉斯说："无论什么见解、计划、目的，只要以强烈的信念和期待进行多次反复的思考，那它必然会置于潜意识中，成为积极行动的源泉。"

美国一位运动员每次回答记者的提问后，总忘不了说一句："我是最好的！""我是最好的"就是一种积极的自我暗示，反复运用这种暗示，你就会接受这种观点，而永远充满自信！"事实"也会向你所想象的方向发展。在华沙，一群儿童在嬉戏。一个吉卜赛女巫托起一位小姑娘的手，仔细看了看说："你将来会世界闻名！""预言"应验了，这小姑娘就是后来的居里夫人。法国有一位得了顽症的病人缠着一位药剂师买药，药剂师给了他几片毫无药用的"糖衣片"，吹嘘是特效药。数日后，病人前来致谢，"糖衣片"治好了他的顽疾！

以上都是积极的心理暗示产生的神奇力量，因此，我们在工作和生活中无论遇到什么事情，都要学会运用积极的心理暗示。

培养自我欣赏的能力

心理学家马尔兹说："我们的神经系统是很'蠢'的，你用肉眼看到一件喜悦的事，它会作出喜悦的反应；看到忧愁的事，它会作出忧愁的反应。"

当你习惯地想象快乐的事时，你的神经系统便会习惯地令你处在一个快乐的状态。但如果你想到邪恶的事，邪恶的心态就会跟着来，你整天想什么，你就是什么样。

有位病人被误诊为"癌症"，结果几月后果真患上了癌症，郁郁而终。一位工人下班后被锁在冷库里，第二天被人们发现时他已冻死了，而令人惊奇的是，那天根本就没通电，冷库里只是常温！

因此，除了学会积极自我心理暗示，还要排除他人对你的消极暗示。曾有一位成绩不错的学生，考试时做错了一道简单的题目，老师讽刺道："这么容易的题都错，还怎能考上大学?!"结果这个学生一蹶不振，真的名落孙山。多么可怕的消极暗示！在心理暗示中，永远记住，只有你才是生命的主宰，只要你永远对自己充满信心，任何人都不能改变你！

为了使积极暗示达到预期的效果，做积极暗示的时候要注意两点：一是克服浮躁心理；二是克服急功近利的心理。积极暗示是一种平心静气、潜移默化的心理运动，想一蹴而就，或三天打鱼两天晒网的做法都是不可取的，也是根本不可能成功的。在充满变幻和快节奏的现实生活中，要想保持身心健康，使积极暗示取得实效，必须默默地、静静地、缓缓地进行，只有这样才能达到理想的效果。

日本有位心理学家这样说："当我们的头脑处于半意识状态时，是潜意识最愿意接受意愿的时刻，来进行潜意识的接收工作是最理想不过的了。"

当然，在肯定自我的时候，也不要忘记对自己过失的否定，要始终保持实事求是的态度。运用自我肯定应该遵循以下原则：

1. 始终要以现在时态而不是将来时态进行肯定。例如，应该说"我现在很幸福"，而不能说"我将来会很幸福"。

2. 始终要在最积极的方式中进行肯定。肯定所需要的，而不是不需要的。不能说"我再也不偷懒了"，而是要说"我越来越勤奋，越来越能干了"。这样做可以保证我们总是创造积极的思想形象。

3. 一般来说，肯定词越简短，也就越有效。一番肯定应该是一番传达出强烈情感的清晰陈述，情感传达得越多，给人的印象就越深。

4. 在进行自我肯定时，尽可能努力创造出一种相信的感觉，一种它们已经真实存在的感觉。

课堂总结

成功总是伴随那些有自我成功意识的人！失败总是伴随那些在乎自我失败意识的人！人们要学会在头脑中将失败意识转变成成功意识。只要你充分发挥自己的潜力，敢于做别人认为不能做、不可能做的事，你就一定能成功。

打造自己的不可替代性

长江后浪推前浪，一代新人换旧人，这是发展的必然规律。但是，有很多的员工任凭别人来去匆匆，他们却稳坐泰山，岿然不动——他们在老板心目中的重要地位不可替代。

说到职场表现，无外乎就是做事和做人。这些职场红人，正是以其独特的做人＋做事的方法和态度赢得了老板的信任，从而成为了老板眼中无人可取代的重磅人物。

全力以赴，一丝不苟

工作一丝不苟，全力以赴，是受老板器重的利器之一。

一位作家曾聘用一名年轻女孩当助手，替他拆阅、分类信件，薪水与相关工作的人员相同。有一天，这位作家口述了一句格言，要求她用打字机记录下来："请记住：你唯一的限制就是你自己脑海中所设立的那个限制。"

她将打好的文件交给作家，并且有所感悟地说："你的格言令我深受启发，对我的人生大有价值。"

这件事并未引起作家的注意，却在女孩心中打上了深深的烙印。从那天起，她开始在晚饭后回到办公室继续工作，不计报酬地干一些并非自己分内的工作，如替老板给读者回信等。

她认真研究成功学家的语言风格，以至于这些回信和自己老板一样好，有时甚至更好。她一直坚持这样做，并不在意老板是否注意到自己的努力。终于有一天，作家的秘书因故辞职，在挑选合适人选时，老板自然而然地想到了这个女孩。

在没有得到这个职位之前已经身在其位了，这正是女孩获得提升最重要的原因。后来，年轻女孩的优秀引起了更多人的关注，其他公司纷纷提供更好的职位邀请她加盟。为了挽留她，作家多次提高她的薪水，与最初当一名普通速记员时相比已经高出了四倍。

许多人无法培养一丝不苟的工作作风，原因就在于贪图享受，好逸恶劳，背弃了将本职工作做得完美无缺的原则。

具备一技之长，提升核心竞争力

在公司里，老板宠爱的都是那些立即可用并且能带来附加值的员工。老板在加薪或提拔下属时，往往不仅仅是因为其本职工作做得好，也不是因其过去的成就，而是觉得对他的未来有所帮助。要成为公司不可缺少的那个人，就得掌握一门专长，在你的工作中能发挥自己的专长和兴趣，从面提升自己的核心竞争力。

在巴黎一家豪华大酒店餐饮部里，有一名不起眼的小厨师。他没有特别的长处，做不出什么上得了大场面的菜，所以他在厨房里只能当下手，谁都可以说他两句。但是，他会做一道非常特别的甜点：把两只苹果的果肉都放进一只苹果里，那只苹果就显得特别丰满，可是从外表看，一点也看不出是两只苹果拼起来的，果核也被巧妙地去掉了，吃起来特别香。一次，这道甜点被一位长期包住酒店的贵妇人发现了，她品尝后十分欣赏，并特意约见了做这道甜点的小厨师。

贵妇人在酒店长期包了一套最昂贵的客房，虽然她每年加起来大约只有一个月的时间在这里度过。但是她每次到来，都会点小厨师做的甜点。酒店里年年都要裁员，经济低迷的时候，裁员的规模更大，而不起眼的小厨师却一直风平浪静。毫无疑问，贵妇人是酒店最重要的客人，而小厨师自然成了那个不可缺少的人。

有一技之长本身就说明个人的素质，尤其是在职业素质上超过一般人，如果能够创造一个恰当的环境，他无疑会成为企业的骨干，甚至成为老板们的得力助手。就价值而言，这些人的含金量很高，是企业蓬勃发展的重要依托。理所当然，这种人在企业当中，是不可替代的。

能超越本身利害关系，不"因情废法"

什么样的人才算不可或缺的呢？知识和经验固然很重要，但只有知识和经验，当大事临头时，似乎还不够应付。比知识更重要的是什么？应该是能够超越本身利害关系而面对事实的人。假如一位员工违反了规章制度，你认为应该按制度进行制裁，这是不错的，你可以堂堂正正地施展你的权威。但是，假如这位员工是你的好朋友呢？假如这位员工是你自己呢？这时候，人的价值就开始显示出来了。

张华在表哥介绍下，来到表哥所在的工厂当会计。他凭借过硬的财务专业能力和敬业的精神，很快得到了老板的器重，被跨行任命为分公司车间主任，正好成为了表哥的上级领导。张华的表哥是车间的组长，干起活来还真是一把好手。但是，他有一个致命的缺点，经常出言调戏手下的女工。有一次，一位女工不堪羞辱，骂了他几句，他竟恼羞成怒，给了这位女工几个耳光。这下激起了公愤，女工们跑到车间主任张华这里来讨公道。

大家都说："他是你表哥，发生这样的事，你看怎么处理吧？"

张华心里很着急，真有点儿恨铁不成钢的感觉。但他是一个正直不阿的人，当着那么多职工的面，他只能以公平的心来衡量一切。于是，他立即宣布，根据工厂的管理规定，立即将表哥开除出厂。、

表哥气得双目圆睁，大声骂道："张华，你算什么东西！你也不想想自己是谁介绍进来的，一当官就翻脸不认人了!?"

张华气得涨红了脸，一拍桌子，毫不示弱："我把欠你的人情还给你！大不了，我陪你一起走人！"

这时，厂里的职工纷纷劝张华不要太生气，也别太认真。但他还是在开除表哥的第二天，向老板递交了辞职报告。

老板拿着报告，把转身就走的张华叫了回来："别那么冲动嘛，你表哥有今天完全是自作自受，可你也没必要赔掉大好前途呀。这样吧，让你表哥调到锅炉房，算是对他的惩罚。而你呢，鉴于这种情况，你不当车间主任也可以，我那家分公司一直找不到合适的负责人，绩效不太理想，拜托你去帮我管起来吧！"张华转回身，感激地看着老板说："谢谢您，您为什么这么信任我？"

老板笑笑："说真的，我找不到像你这么又负责又能干的人才啊！"

没过几天，张华就到分公司走马上任了，在半年的时间里，他对分公司的管理层进行大的调整，不出一年，分公司的业绩有了明显的改善。张华的老板心中庆幸，自己没有看错人啊！

一流的管理者，不"因情废法"，包庇自己亲近的人，推卸自己的责任。制裁自己时，不是抱着自认倒霉的态度，而是抱着戴罪立功的心理。制裁别人时，对事不对人，在惩罚对方的同时设法让对方心情愉快。第一流的管理人才在任何公司都会受到重用，他们也是真正值得重用的人。

让老板器重才是根本

对于每位职业人士来说，要打造自己在公司中的不可替代性，需要注意的方面非常多。但是所有一切，说到底，都是为了得到老板的器重——得到老板的器重，才是一切的根本。

1. 干一行爱一行。那些这山望着那山高、常常跳槽的人，是很难受老板器重的。

2. 认真对待老板的任务。永远不要忘记，老板的时间比你的更宝贵。当他交给你一项特殊任务时，请记住不管你正在忙什么，老板交代的活儿都是最重要的。

3. 有自信心，有主见。凡事多向老板请示，不负责任或害怕负责任的人，通常都缺乏创造性。而那些在工作中有信心、有主见、勇于开拓创新的人才是有创造潜能的人，他们给老板带来的收益是高附加值的。

4. 做个阳光的乐天派。没有人喜欢满腹牢骚的人，人们更愿意同乐观开朗、生活态度积极的人交往。在你最沮丧的日子里，也要向老板和同事显示出你最快乐的一面。

5. 遇事要从容冷静。在任何情况下都能保持从容冷静的人，往往会赢得荣誉。老板和客户都非常欣赏那些在困难或紧急情况下能出色完成工作的人。

6. 当机立断。一旦你成为决策者，做决定时要快速而坚决，不要优柔寡断或过于依赖他人意见。及时迅速地作出决定是成功决策者的必要条件。

7. 解决事后问题的能力。一旦工作出现失误，要快速对情况作出评估，制定出控制损失的可行性计划，然后直接找老板告知问题所在以及你准备采取的解决办法。决不要没有准备好自己的建议，就带着"我应该怎么做"的问题去找老板。

8. 任劳任怨。当老板要你接手一份额外的工作时，请把它视作一种赞赏。那些不愿做额外工作的雇员，事业将会停滞不前或被那些任劳任怨、热情而勤奋的同事甩在后面。

课堂总结

身为员工，应常常扪心自问：如果公司解雇你，有没有损失？你的价值潜力是否大到老板舍不得放弃的程度？一句话，要靠自己的打拼成为公司不可缺少的人。

别剥夺自己喝咖啡的时间

你是不是觉得自己每天都很忙，可是却劳而无功？是不是觉得上班时间老不够用，每天晚上总是加班处理工作，身心疲惫，可是工作还是不如同事完成得快？是不是感觉自己对工作很用心，也很勤恳，却得不到老板的赞赏？如果你是这样的人，就应该好好思考一下自己的工作方法是否合理，如何才能有效地提高工作效率。给工作一对翅膀，达到事半功倍的效果。

无暇喝杯咖啡的"大忙人"

有些人一忙就忙得无法停下来，甚至连朋友约他喝杯咖啡的时间都没有。畅销书《咖啡》一书讲到的职业经理人比尔·泰勒就是这样一位"大忙人"。

比尔每天忙得焦头烂额，没有时间陪妻子和孩子，每个周末都想着加班，拼命地想要把工作做好，但他发觉工作越来越没有头绪。同事、下属故意跟他作对似的，留给他解决不完的问题，他非常烦躁而又无计可施。

工作中有很多诸如比尔的"大忙人"，不管你在什么时候碰见他，他都是一副忙碌不堪的样子。跟他谈话的时候，假如时间稍微长一些，他就会不时地拿出表一看再看，暗示他的时间很宝贵，甚至表现出极度的不耐烦。他的工作总是杂乱无章、一塌糊涂，他不知道什么事情应该先做，什么事情应该后做，任何工作对他来说都是紧急的。每一份文件都被他自己标上"加急"字样，他忙着去处理所有的文件，每天都忙得头昏脑涨，可结果哪件事情也没有得到及时的处理。

"大忙人"通常都没有一个合理的工作顺序，习惯于抓住一件事就办一件事，结果就在做事的时候，忽然又发现了一件更重要的事情，于是就丢下手里的事情去做另外一件。不仅停顿下来本身费时，而且在重新工作时，还需要花时间调整大脑活动及注意力，毕竟一下子就能找出中断的地方，立刻接上原来思路的人是不多的。

做事要讲究先后次序

思维清晰的人做事总是有条不紊的，有句谚语说得好："喜欢条理吧，它能保护你的时间和精力。"

有一位整日被无穷尽的工作弄得心烦意乱的公司经理来拜访卡耐基。当他看到卡耐基干净整洁的办公桌时感到非常惊讶，他原本以为卡耐基的办公室里也会和他一样堆满了各种各样的文件，于是他问道："卡耐基先生，你没处理的信件放在哪儿呢？"

卡耐基说："我所有的信件都处理完了。"

经理有点疑惑不解，接着问道："那你今天没干的事情又推给谁了呢？"

"我所有的事情都处理完了。"卡耐基微笑着回答。

卡耐基看着这位公司经理困惑的表情，解释说："原因很简单，我知道我所需要处理的事情很多，但我的精力有限，一次只能处理一件事情，于是我就按照所要处理的事情的重要性，列一个顺序表，然后就一件一件地处理。结果很快就处理完了。"

公司经理恍然大悟道："噢，我明白了，谢谢你，卡耐基先生。"几周之后，这位公司经理请卡耐基参观其宽敞的办公室，然后不无感激地对他说："卡耐基先生，感谢你教给了我处理事务的方法。过去，在我这宽大的办公室里，我要处理的文件、信件等等，堆得和小山一样，一张桌子不够，就用三张桌子。自从用了你说的法子以后，情况好多了，瞧，再也没有没处理完的事情了。"

这位公司经理不仅从堆积如山的工作中解脱了出来，而且几年以后，还成为美国社会成功人士中的佼佼者。

事实证明，做事有条理、讲顺序是一种非常理性的做事理念，它可以使你对做事情顺序的安排更加合理，时间的分配更加严格，从而避免东一榔头，西一棒槌，最后事情却没有办好的结果。

柯维指出：有效的管理是要先后有序。因此，在新的一天到来的时候，面对堆积如山的工作，别忙着去做，要先理出一个头绪，分清轻重缓急，给工作一个合理的定位，整体的把握，这样在工作过程当中才能有效地协调各个环节的变化，做到胸有成竹。合理的分析和做计划就能做到心中有数，就能清楚哪些工作是今天必须完成的，哪些工作是今后几天内要完成的，哪些是长期的规划。只有思维清晰，有条不紊，才能在工作中从容不迫，提高效率。

把最重要的事放在第一位

此外，有一个原则是必须强调的，那就是把最重要的事情安排在第一位。

也许你听过这样一个有关时间管理的故事。

在一次上时间管理的课上，教授在桌子上放了一个装水的罐子。然后又从桌子下面拿出一些正好可以从罐口放进罐子里的鹅卵石。当教授把石块放完后问他的学生道："你们说这罐子是不是满的？"

"是！"所有的学生异口同声地回答说。

"真的吗？"教授笑着问。然后再从桌底下拿出一袋碎石子，把碎石子从罐口倒下去，摇一摇，再加一些，再问学生："你们说，这罐子现在是不是满的？"

这回学生不敢回答得太快了，最后班上有位学生怯生生地细声回答道："也许没满。"

"很好！"教授说完后，又从桌下拿出一袋沙子，慢慢地倒进罐子里。倒完后，再问班上的学生："现在你们再告诉我，这个罐子是满的呢，还是没满？"

"没有满！"全班同学这下学乖了，大家很有信心地回答说。

"好极了！"教授再一次称赞这些"孺子可教"的学生们。称赞完之后，教授从桌底下拿出一大瓶水，把水倒在看起来已经被鹅卵石、小碎石、沙子填满了的罐子。当这些事都做完之后，教授正色问班上的同学："你们从上面这些事情上得到什么重要的启示？"

班上一阵沉默，然后一位自以为聪明的学生回答说："无论我们的工作多忙，行程排得多满，如果要逼一下的话，还是可以多做些事的。"这位学生回答完后心中很得意地想："这门课讲的就是时间管理啊！"

教授听到这样的回答后，点了点头，微笑道："答案不错，但并不是我要告诉你们的重要信息。"说到这里，这位教授故意顿住，用眼睛向全班同学扫了一遍说，"我想告诉各位最重要的信息是，如果你不先将大的鹅卵石放进罐子里去，你也许以后永远没机会把它们再放进去了。"

鹅卵石，一个形象逼真的比喻，它就像我们工作中遇到的事情一样，在这些事情中有的非常重要，有的却可做可不做。如果我们分不清事情的轻重缓急，把精力分散在微不足道的事情上，那么重要的工作就很难完成。

在一系列以实现目标为依据的待办事项之中，到底哪些事项应先着手处理，哪些事项应延后处理，甚至不予处理呢？

对于这个问题，麦肯锡公司给出的答案是：应按事情的"重要程度"

编排行事的优先次序。所谓"重要程度"，即指对实现目标的贡献大小。对实现目标越有贡献的事越是重要，它们越应获得优先处理；对实现目标越无意义的事情，愈不重要，它们愈应延后处理。简单地说，就是根据"我现在做的，是否使我更接近目标"的这一原则来判断事情的轻重缓急。

在麦肯锡，每个人都养成了"依据事物的重要程度来行事"的思维习惯和工作方法。在开始每一项工作之前，他们总是习惯于先弄清楚哪些是重要的，哪些是次要的，哪些是无足轻重的，而不管它们紧急与否。每项工作都如此，每一天的工作都如此，甚至一年或更长时间的工作计划也是如此。

知道什么是第一优先的事，比计划何时去做这件事重要得多。决定优先顺序时，到底什么该做、什么不该做、什么时候做什么，我们可以运用著名的80/20法则来解决这些问题。

有位油漆推销员发现，他的80%的业绩都来自于20%的客户。同时，不管客户的购买量大小，他花在每个客户身上的时间都是一样的。于是，他的下一步就是将其中购买量最小的86个客户退回公司，然后全力服务其余20%的客户。80/20法则成了他的秘方，结果不出两年，他成为了公司数一数二的油漆推销员。他一直坚守80/20法则，这不但使他变得非常富有，还令他最终当上了一家油漆公司的老板。

你可以将80/20法则的基本原则应用在你拜访的客户或是你的待办计划表上：集中精力在能获得最大回报的事情上；别花费时间在对成功无益的事情上。就像油漆推销员"开除"80%的客户一样，你也得删除待办事项计划表上80%的事情。

管理好时间，提高工作效率

要想提高工作效率，就要利用和管理好时间。管理好时间最重要的就是节约时间和优化分配。一个科学的时间管理既要做到顺利完成工作，又要能享受快乐的生活。对此，有以下几点建议：

● 珍惜和利用上班时间

不要在工作时间干私事，尽量避免聊天等行为。既然是工作，就一心一意地对待它，该干什么就干什么。除此之外，个人的坏习惯很容易造成对时间的浪费，最常见的有：找东西、懒惰、时断时续、一个人包打天下、延误、拖延、没有想法就行动、消极思想等等。

譬如说时断时续，造成职员浪费时间最多的是时断时续的工作方式，因为重新工作时，需要花时间调整大脑活动及注意力。再如一个人包打天下，提高效率的最大潜力，莫过于其他人的协助。你把工作委托给其他人，授权他们去做好，这样每个人都是赢家。又如拖延，这种人花许多时间思考要做的事，担心这个担心那个，找借口推迟行动，又为没有完成任务而悔恨。在这段时间里，其实他本可以完成任务而转入下一个工作……

每个人浪费时间的坏习惯各有各的不同，也远不止以上几种。不管你是哪一种，最关键的是想办法找出毛病所在，下决心去改正它，因为它浪费的不仅仅是时间，而且是你宝贝的生命。

● 定期做工作分配计划

定期给工作做一个时间分配和计划，在规定的时间内完成约定的工作，在保证质量的前提下，尽早完成任务。时间可以根据个人工作周期来确定，一天，一周，一月，甚至是更长远的规划，应该和工作相结合，定出一套近期、远期的规划和办事原则，并且计划出台后，要立即行动。这个计划是给自己定的，不需要向老板汇报细节，更多的时候老板要的是结果。

● 学会资源的公有化

现在的网络时代说的就是资源的共享。有时我们做完事情后才发现，自己做的工作是其他员工已经做过的。资源能够共享，是一个很重要的问题，能为我们节约很多时间来处理别的事情。

● 留出"请勿打扰"的时间

在工作中，难免会碰到同事前来寻求帮助的情况，特别是对于管理者，下属对你的打扰是天经地义的事情。但是，有些人不懂得拒绝，结果，不仅未能完成任何重要的事，而且荒废了一天中最佳的时间。据估计，在许多公司里，一般工作人员的工作，平均每八分钟就会被打断一次。如果每八分钟就不得不停止一次工作，然后再回到这项工作上来，那我们怎么能有效率呢？因此，为了大大地提高自己的效率，必须每天安排出一段"请勿打扰"的时间。而把这段时间和充沛的精力，用来完成你的首要任务。

在这不被打扰的时间内，可以完成相当于在一般办公室环境中两小时所做的事情，而且做得更好。这段"请勿打扰"的时间，应该安排在一天中精力最充沛的时候，这不一定就是一大早，对有些人来说，可能是在中午之前或下午的时候。反正什么时候你感到最清醒、情绪最高昂，你就把这段时间定为"请勿打扰"的时间。

课堂总结

很多的人工作确实忙，不过用一个"忙"字还形容不了，还需要用"盲"和"茫"来补充。不知道为什么而忙，是盲目，不知道如何而忙，是茫然。人忙倒不要紧，要紧的是要忙得有方向，有效率。

告诉老板：我真棒

有人说："职员能否得到提升，很大程度不在于是否努力，而在于老板对你的赏识程度。"工作中，作为一个员工，最大的苦恼莫过于得不到老板的赏识。的确，如果你的工作完成得很出色，业绩也不错，老板却不能青睐于你，这的确是一件令人苦恼的事。通常在这个时候，你就要停止埋头苦干，用各种方法策略告诉你的老板：我很棒。

是高手，就把自己逼向擂台

生活中常有这样的情况：有的人做了很多，但升迁、加薪的往往不是他。如果老板看不到自己的工作成绩，确实是件相当郁闷的事情。面对这种情况，有的人非常自信，认为只要自己努力工作，总有一天老板会明白；有的人选择随遇而安，并不是很介意；有的人则比较消极，甚至有了"破罐子破摔"的想法。那么，在老板迟迟未能看到你的成绩时，该怎么办呢？跳槽，选择新的环境？无用！在新的单位，你可能遭遇同样的际遇。一味地坚持埋头苦干？无用！仍然只会一如既往地被"冷藏"。

在报纸上看到过一个真实的故事，过目难忘。

有一个超级富豪破产了，进行财产拍卖。超级富翁家里的东西，当然大多是价格昂贵的，但是，当拍卖到最后一件小提琴时，拍卖师自己都笑了。他想这玩意儿，肯定卖不了什么价钱。于是，他略带戏谑地对台下竞买的人说："这玩意儿，200 美元有人要吗？"

台下的人一片沉默，只是摇头。

"100 美元呢？"拍卖师觉得是意料中的事情，语气平静。

台下仍然一片沉默。

"50 美元呢？"拍卖师显然有一丝无奈了。

"慢着！"拍卖师的话音刚落，那位富豪走了上去说，"先把小提琴还给我！"

富豪从拍卖师手中接过小提琴，就忘情地拉了起来，对周遭的一切视若无睹。当悠扬动听的琴声缓缓淌入大家的耳际时，大家被琴声陶醉了，直到琴声停止才如梦初醒。

富豪默然将小提琴递给了拍卖师。这时，台下响起了争先恐后的竞买声：

"我出 5000 美元！"

"我出 1 万美元！"

"我出 3 万美元！"

……

最后，这架原来不被看好的小提琴，竟然以 5 万美元成交。

一个人再有能力，如果你不选择在适当的机会表现出来，别人就会把你当作平庸之人。这就像一个武林高手，如果总是远离竞技的圈子，远观比赛的擂台，你的"武林高手"的称谓似乎永远只是虚名或是自封。

有位企业家说过："如果你具有优异的才能，而没有把它表现在外，这就如同把货物藏于仓库的商人，顾客不知道你的货色，如何叫他掏腰包？各公司的董事长并没有像 X 光一样透视你大脑的组织。"可见，面对被"冷藏"的际遇，最好的办法就是通过各种方法，策略性地自我推销。如此才能吸引领导们的注意，从而判断你的能力。

张莉所在的公关部原定只有七人，注定有一人迟早被裁，加上部门经理位置一直空缺，如此便导致了内部斗争日益升级，进而发展到有人挖空心思抢夺别人的客户。

张莉不喜欢这样的氛围，她只知道老老实实做事，甘当人人背后称道的无名英雄。她始终默默无闻，只管付出不问收获，出了名的逆来顺受，当然也就成为了被裁掉的最好选择。尽管论学历、论工作态度、论能力和口碑，她都不错，但她一直没有好好地在老总面前表现自己，老总也一直以为她没有什么能耐。

接到人事部提前一个月下达的辞退通知之后，张莉好像当头挨了一记闷棍一般，半天也没回过神来。她怎么也没想到，自己两年多的努力不仅没有得到承认与尊重，反而得到的是被裁的待遇，她实在有点不甘心。

有一天，一个和公司即将签约的大客户提出要到公司来看看。这家客户是一家大型合资企业，一旦和这家大客户签下长期供货合同，全公司至少半年内衣食无忧。来参观的人中有几个是日本人，并且还是这次签约的决策人物，这是公司没有想到的。见面时，因双方语言沟通困难，场面显得有些尴尬。就在公司老总颇感为难之际，张莉不失时机地用熟练的日语同日本客人交谈起来，给老总救了场。张莉陪同客人参观，相谈甚欢。她凭借自己良好的表达能力和沟通能力、丰富的谈判技巧和对业务的深入了解，终于顺利地签下了大单。

张莉随机应变的表现能力，以及熟练的日语会话能力，让老总对她大加赞赏。她在老总心目中的分量也悄悄发生了变化。一个月后，张莉不仅没有被辞退，还暂时代任公关部经理。

记住，是高手，就把自己逼向擂台，该出手时就出手，抓住机会，主动出击，在决定你命运的人面前，适时地抖出你的绝活。不仅要能干，还要能说、能写，善于利用和创造机会让别人了解自己。总而言之，人的才能需要表现，只有善于推销自己，才能获得更多的机会。

主动与老板沟通：努力要让老板知道

在这个世界上，没有人有义务必须了解你，因此，你要学会表现自己。如果你做了，再适当向别人表明这件事情是你做的，别人就会开始注意你。如果你仅仅做了，别人把结果接受了，但不知道事情是谁做的，那么很可能他们根本注意不到你。有位作家有一个形象的比喻：做完蛋糕要记得裱花。有很多做好的蛋糕，因为看起来不够漂亮，所以卖不出去。但是在上面涂满奶油，裱上美丽的花朵，人们就会喜欢来买。作为员工随时不忘报告老板自己的行动，就是在自己做的蛋糕上裱花，让老板为你喝彩。

然而，现实生活中，许多员工对上司有生疏及恐惧感，他们在上司面前噤若寒蝉，一举一动别别扭扭，极不自然，甚至就连工作中的述职，也尽量不与上司见面，或托同事代为转述，或只用书面形式作工作报告，他们认为，这样可以免受上司当面责难的难堪。

但是，人与人之间的好感是要通过实际接触和语言沟通才能建立起来的。一个员工，只有主动跟上司做面对面的接触，让自己真实地展现在上司面前，才能令上司认识到自己的工作才能，才会有被赏识的机会。说话每个人都会，而这里的学会说话，是指作为下属的你在埋头苦干的同时不要做个"闷葫芦"，像徐庶进曹营一样一言不发，因为现在这种类型的人才在职场里是很吃不开的。

要知道老板只能看到你在办公室里上班时间的工作表现，而看不到你为了更好地完成某项任务而加班加点工作的身影。有些人只顾埋头工作，完成后一交了事，与老板的交流很少，对自己为了完成这项任务加班加点、费劲流汗、耽误时间等，不主动向老板说明，结果所付出的精力和汗水也就白费了。所以，不但要会干，还要会说，要采取巧妙的方法让老板感到你背后付出的努力和艰辛，也让老板感到你的确是一个勤奋敬业的好下属。

据统计，现代工作中的障碍50%以上都是由于沟通不到位而产生的。一个不善于与上司沟通的员工，是无法做好工作的。现在的每一家企业都可以说是人才辈出，高手云集，在这样的环境中，信守"沉默是金"者无异于慢性自杀，不会有什么前途。而正确的工作态度和工作效果，充其量也只能让你维持现状。如果想真正有所成就，必须要主动与上司沟通。

巧妙地告诉老板：我真棒

在适当的时候，要给老板亮出你的绝技，让他认可你的能力。在多年求生存当中，老板本能地练就了抓要害的本事。所以，估摸企业的状况，适时地亮出自己的绝技（业务能力、资源、人脉），让老板对你刮目相看。另外，还要注意方法，不要给他造成太大的威胁感。"伴君如伴虎"，跟老板在一起也是这样。

● 表现自我，要把握策略

所谓策略，其目的无外乎就是在适当的场合、时机，以适当的方式向你的老板表现你的业绩。常言道："勇猛的老鹰，通常都把它们尖刻的爪牙露在外面。"这其实就是积极地表现自我。精明的生意人,想把自己的商品待价而沽,总得先吸引顾客的注意,让他们知道商品的价值,这才是杰出的推销术。

一般而言,最大限度地表现自己最好的办法,是你的行动而不是自夸。所谓"桃李不言,下自成蹊",就是这个意思。有的人从来不缺乏实力,缺乏的是自我推销的能力。所以,这种人要提高自我推销的能力,譬如说与人沟通的口才。总之,自我表现,既要主动,也要因人而异讲究不同的方法。

● 将期望值降低一点

有位专家如是说:"如果你有修理飞机引擎的技术,你可以把它变成修理小汽车或大卡车的技术。"人有百种,各有所好。假如你投其所好仍然说服不了上司,没能被对方所接受,你应该重新考虑自己的选择。倘若期望值过高,目光盯着热门单位,就应该适时将期望值下降一点,还可以到与自己专业技术相关相通的行业去自荐。

● 用尽善尽美彰显美德

你是否最大限度地表现了自己的才能和美德呢?这可是成功的一大秘诀。如何最大限度地表现自己的美德呢?请记住"尽善尽美"四个字。事无大小,每做一事,总要竭尽全力求其完美,这是成功人的一种标记。他们做任何事,都不满于"还可以"、"差不多",而是力求尽善尽美。最大限度地表现自己的美德,还有一个度的问题。表现自己而又恰如其分,这既是一种能力和艺术,也是一种修养。

● 表现自己,贵在自然

会表现的人都是自然地流露,而不是做作地表现。在你向领导汇报工作时,不妨说:"我做了某事,但不知做得怎么样,还望您多多指点,您的经验丰富。"这样,你好像是在听取领导的指点,而实际上你已经表现了自己,又充分体现了你谦虚的美德。如果你以请功的口气直接向你的领导说:"我做了某事,这事很不简单,做起来真不容易,其具有怎么怎么高的价值……"这样,你在领导心目中就已经损害了自己的形象，也降低了你在领导心目中的价值。

● 适当表现你的才智

一个人的才智是多方面的，假如你是想表现你的日常表达能力，你要在谈话中注意语言的逻辑性、流畅性和风趣性；如果你要想表现你的专业能力，当上司问到你的专业学习情况时就要详细说明，你也可以主动介绍，或者问一些与你的专业相符的新工作单位的情况。如果上司本身就是一个爱好广泛者，那么你可以主动拜师求艺……总之，方法比困难多，是千里马就得适当地亮出自己的才智，否则，你就只能成为被埋没的金子。

课堂总结

酒香不怕巷子深的想法已经过时了，在这个快节奏的时代，谁有时间去为你停留呢？不是每个人都会刻意地观察你，也不是每个人都会主动地了解你。因此，既然你做了，而且做得很好，为什么不表现一下，让更多的人能了解和认识你呢？当然，需要强调的是，不要表现得过分，更不要只说不做。

每天比别人努力一点点

全心全意、尽职尽责是不够的，还应该比自己分内的工作多做一点，比别人期待的更多一点。如此可以吸引更多的注意，给自我的提升创造更多的机会。工作比别人努力一点点，学习比别人多一点点，提升就会多一点点，这一点点却让你与对手有着天壤之别。

每天多做一点点，机会多数倍

在一望无际的草原上，有只狮子不停地奔跑，但是前方却没有猎物。有人问它为什么要奔跑，狮子说："只有跑得比猎物快，才能获得食物。"同样，一只小鹿也在独自奔跑，有人问它为什么奔跑，小鹿说："只有跑得比其他鹿快才能不被吃掉。"

故事告诉我们：不论你是强者还是弱者，只有先行一步，不断地努力，超越他人，才能在这个社会上生存。华人首富李嘉诚说："成功的秘诀就在于比别人努力两倍。"日本著名企业家堤义明也说："要成功的话，需要比别人努力三倍。"

爱因斯坦的一生就是在他的实验室里不停地工作，他经常把晚饭带到实验室吃，再接着工作到晚上 11 点或 12 点。两年里他只去过两次剧院，他几乎不出现在任何社交场合。

如果不是你的工作，而你做了，这可能就是机会，因为机会总是乔装成"问题"的样子。顾客、同事或者老板交给你某个难题，也许正为你创造珍贵的机会。

拿破仑·希尔说过："如果你愿意提供超过所得的服务时，迟早会得到回报。你所播下的每一颗种子都必将会发芽并带来丰收。而且，无论你是员工还是公司老板，多做一点点就会使你成为公司里不可缺少的人物。"因此，我们不应该抱有"我必须为老板做什么"的想法，而应该多想想"我能为老板做些什么"。

如果你是一名货运管理员，也许可以在发货清单上发现一个与自己的职责无关的未被发现的错误；如果你是一名邮差，除了保证信件能及时准确到达，也许可以做一些超出职责范围的事情……这些工作也许是专业技术人员的职责，但是如果你做了，就等于播下了成功的种子。

最常见的回报是晋升和加薪，除了老板以外，回报也可能来自他人，以一种间接的方式来实现。无论你是管理者，还是普通员工，"每天多做一点点"的工作态度能使你从竞争中脱颖而出。你的老板、委托人和顾客会关注你、信赖你，从而给你更多的机会。

做个快乐的"工作狂"

"工作狂",无疑会成为那些崇尚享乐主义的人所鄙夷的对象。其实,很多人对"工作狂"存在着很大的误解,误解的主要原因是他们往往认为"工作狂"是不懂得生活,更谈不上快乐的人。事实上,你观察那些成功人士,他们无一不是个"工作狂",他们每天的工作时间都是十几个小时,而且个个心情愉快,把工作当成享受。比尔·盖茨为了完成一项工作任务,通宵达旦是家常便饭;李嘉诚每天的工作时间都在 14 个小时以上。道理很简单,如前面所说:你不比别人更努力一些,不多花时间在工作上,成功就是镜花水月。

你是否留意过那些成功的人,如果有,你会发现他们一周工作 7 天,而那竟然是他们最享受的时刻。他们是一群享受快乐与激情的"工作狂"。有人问前微软公司中国区总裁唐骏:"你成功的秘密在什么地方?"唐骏笑笑:"其实很简单,你们工作 8 小时,还在考虑怎么早点下班去玩的时候,我每天工作 12 小时,还是全心全意地工作。所以,我成功的秘密就是比别人勤奋一点点。"这话听来有些像鲁迅的那句话:"哪里有什么天才?我只不过是把别人喝咖啡的时间用在写作上。"

"工作狂"之所以被认为是一种不健康的生活方式,是因为其吃饭没有准点,睡觉没规律,熬夜更是家常便饭。但现在的心理学专家却提出了不同的见解:"最重要的是个人对工作的态度。对工作不满的情绪非常有损健康,而对工作的满足感则对健康有利。"

或许你有这样的感受:当人被卷进某种巨大的狂热之中的时候,是不知道累、也不知道饿的,整天神采奕奕,精力无限,甚至根本不生病。工作狂正是这样的"狂热分子",他们因为热爱自己的工作而全心投入,工作时间虽长,却感到是一种享受而不是压力;相反,一种令人感到无能为力而又没有安全感的工作,才会对健康造成损害。如今有不少企业提倡"工作就是娱乐",这是非常聪明的做法。因为雇员如能在工作中找到乐趣，发现乐趣，这种源自工作、又能推动工作的愉悦感，就能提供源源不断的工作激情和动力。

糟糕的是，有的人并不是真正的工作狂，只是为了给人留下好印象，摆出一直工作着的姿态，来博取老板的青睐，其实其效率极其低下。这是一种不健康的工作方式，试想一下，并不是真正情愿做的事情，而强迫自己去做，能够做出成绩吗？真正的工作狂，是为了更完善自己而发自内心、主动去做的，而且心情是极其愉悦的。

常有刚踏入职场的年轻人，不愿为工作牺牲哪怕一丁点儿的私人时间，坚拒加班，理由是——下班后的时间是属于我自己的，况且即使我加班，也未必能被领导看见，那还争什么表现？

加班岂止对公司有利？白天的干扰和杂事太多，相形之下，晚上尤是难得的能静下心来思考、学习和工作的时间。如能充分加以利用，不仅可以借此机会及时充电、不断提升自身能力，更可以做出优于别人的成绩。你不得不承认的一点是，个人能力与绩效的提升最能说明问题：领导可能没看到你长期废寝忘食忙工作的身影，但不会对你的进步视而不见。而你非但无须为此支付培训费，却要由单位因你的加班贴补电灯费、空调费、电话费，兴许还有加班费，岂非也是赢家？

学习多一点，提升就会多一点

记者在采访亚洲首富李嘉诚时问道："今天你拥有如此巨大的商业王国，靠的是什么？"李嘉诚先生掷地有声地说："依靠知识。"李嘉诚已是年逾古稀的老人，至今每天晚上睡觉前都要看书。李嘉诚先生尚且如此好学，我们自忖如何？

职场中有些人，不去学习，不去提高自己的能力，而是去抱怨公司老板对自己的不够重视。实际上，问题出在你自己身上，你不养成学习的习惯，不提高自己的工作能力，老板怎么会青睐你呢？

竞争在加剧，实力和能力的打拼将越来越激烈。谁不去学习，谁就不能提高自己的能力，谁就会落后。

2004 年，一家公司的销售部同时进来两位业务员：张成和李民。

在上层主管眼中，张成是值得栽培的业务人才，企图心强，行动力高，还有超强毅力，他对自己也是满意得不得了。和张成一起进入公司的李民，是一步一个脚印的老实业务员，口才不是很好，却很勤快，配合度很高，从不逾规。

作为同期受训的同事，自信满满的张成却从来不把李民放在眼里，因为业绩常胜的他，根本不在乎业绩靠后的李民。

李民却非常崇拜张成，将他视为学习对象，经常向他请教业务窍门。除此之外，他还十分用功，总是第一个到公司整理客户资料，还到洗手间对着镜子练习推销话术，晚上则自费参加业务培训课程，充实专业知识。假日里，他也没有闲着，主动去参加各种活动，认识来自各行各业的朋友。专业知识的积累，转化成他的行动力，最后表现在业绩上，半年后，李民的业绩逐渐提高，而且越来越稳定，到最后竟然超过了张成，取得了冠军的宝座。

事实上，李民的性格不太符合业务将才的特质，但是，他的勤奋好学弥补了性格上的缺陷，而张成却恰好相反。

职场上，竞争无处不在，如果你还在原来的地方踏步，而别人则是不停地向前跑，刚开始可能拉开的距离不大，时间一长，你就该追悔莫及了。所以，行动起来吧！唯有比别人学习努力一点点，你才能在职场独领风骚，永远常青。

课堂总结

很多的时候，我们的生活际遇和体育界的冠、亚军一样，虽然你与胜者只存在微小的差距，但是我们的人生际遇却有着天壤之别。而这微小差距背后，却有着第一名比第二名多得多的努力和汗水。要学会比你的竞争对手努力一点点，虽然只是一点点量的变化，但是积少成多，就会产生质变，从而你就会超越别人一大步。

锁 定

长江因锁定向东而波澜壮阔；青松因锁定向上而伟岸挺拔；珠峰因锁定卓越而傲视群山；流星因锁定精彩而亮彻长空；圣贤因锁定目标而成功卓越。每个人都应该如此，既然方向选对了，就应该规避外界的干扰与诱惑，像凸透镜一样，将自己所有的资源聚焦到一点，用全部的热情和不懈的坚持坚守它——这样才能成就一番大业。

锁定你的目标和注意力

每个人在一生中，面临的诱惑很多。工作也是如此，如果一时看不到前景，就会产生"这山望着那山高"的心态，就会被其他看似光鲜的工作所诱惑，从而见异思迁。事实证明，这正是很多人最终不能走向成功的根源。追求成功的路上，充满着寂寞与艰辛，如果你无法锁定目标和注意力，终究沦为命运的奴隶。比尔·盖茨也认为，在变幻莫测的商战中，只有锁定目标和注意力，你才能战胜对手。

这山望着那山高，难成大事

切入正题之前，我们先来看一个小故事。

一头小牛到山上吃草，当它抬头看到对面的山坡上绿油油的青草时，非常羡慕，就匆匆忙忙向对面山坡上跑去。可是当它爬到对面山坡时，发现还是原来的山坡上的草更绿、更茂盛，于是又匆匆忙忙跑回来。结果别的牛都吃饱了，只有它还在饥肠辘辘地奔走于两山之间。

这个故事常常用来比喻一些人见异思迁的心态。当一个人陷入这种心态时，常常对不同的事物，比如工作、职位等做不合时宜的比较，患得患失，结果常常顾此失彼，得了芝麻丢了西瓜。

在实现目标的道路上，最忌讳的就是朝三暮四。有些人在追求成功的路上，偏离了前进的方向，最后连自己也不知道走到哪里去了，这种失去了目标的人，尽管历尽了艰辛，可到头来仍然没有取得成功。因此，如果你确认了自己发展的方向，那么，你一定要守住本分，切不可这山望着那山高，去做能力范围以外的事。这样做，有可能把别人的事给耽误了，自己的事也没做好，岂不是得不偿失吗？

美国著名半导体公司德州仪器公司的口号是："写出两个以上的目标就等于没有目标。"这句话不仅适用于公司经营，对个人工作也有指导。年轻人事业失败的一个根本原因，就是精力太分散。许多生活中的失败者，几乎都在好几个行业中艰苦地奋斗过。然而如果他们的努力能集中在一个方向上，就足以使他们获得巨大的成功。

在专业化程度越来越高的现代社会，工作对个人的知识和经验不断提出了更高、更广、更深的要求。一个做事时总是摇摆不定、变来变去的人，只会将自己长时间积累的职业经验和资源都舍弃，无法强化自己的专业知识，无法形成自己的核心竞争能力，也就无法超越他人。这样的人在社会上是没有立足之地的。

当然，年轻人在事业的开端有多个目标是很正常的。这好比罗盘指针在被磁化之前所指的方向是不确定的，只有在被磁石磁化而具有特殊属性之后，才成为罗盘。同样，一个人一开始可能确定不了自己的方向，在经过一段时间的摸索后，他最终就会，也必须确定一个自己发展的目标。如果确定的目标被证明是正确的，那就应该像卫星导航船一样，坚定不移地为目标而奋斗。

锁定目标和注意力，才能抵挡危险

"高空表演王子"阿迪力在杭州桐庐山水旅游节上，遇到过不小的惊险。那天，表演在富春江江面上进行，钢丝绳横贯在一千多米的江面上，风很大，钢丝绳一直在摇晃。但阿迪力还是起步走了，很慢。意外的事情发生了：江面上的一只游艇突然撞了一根固定钢丝绳的拉线，钢丝绳剧烈地摆动起来。数万观众都屏住了呼吸，阿迪力也停止了动作，站在钢丝绳上丝毫不动。三四分钟后，钢丝绳减缓了晃动。他又起步了，观众中爆发出阵阵掌声。

表演结束后，阿迪力对媒体说，如果把这样高难度的技艺浓缩为一句话，那就是："看目标，别看脚下。"工作不也如此吗？只有将注意力锁定在你的目标，才会抵挡住人生中的种种诱惑和危险，才可以创造出一番惊天伟业。

一位创业不久的朋友非常崇拜陈天桥，他在疯狂浏览了涉及陈的几乎所有信息之后，颇有感触："陈天桥无非玩的就是综合实力，他什么都做，干什么都比人家快出一步。"不过，陈天桥在中央电视台的《对话》节目中，给出的两大成功密码却大相径庭，其中之一就是专注于锁定的目标。

陈天桥真正的发迹是从《传奇》这个网络游戏开始的，但是在开始自己的传奇人生之前，他也曾经被诱惑过——被各种各样的挣钱机会诱惑着。1999 年，陈天桥与弟弟在上海浦东新区科学院专家楼里的一套三室一厅的屋子里创立了盛大网络，并推出网络虚拟社区"天堂归谷"。2000 年，盛大网络获得了中华网 300 万美元的注资。这时候的陈天桥，总是"善于"发现新的赚钱机会，于是很快，盛大广泛涉足网上互动娱乐社区的开发经营、即时通讯软件的开发和服务以及网上动画、漫画。这时候，盛大网络进入了迷茫而无序的发展状态。

在后来调转方向、功成名就之后，陈天桥告诉前来取经的创业者："当你认准一个方向的时候就要全力以赴，只有锁定目标和注意力的企业才能成功，多元化的企业可以存活，但是很难成功。"而这正是他切肤之痛过后的经验之谈，"一个创业者都会自信于自己的灵感和方向，但我觉得他们最容易犯的一个错误，也就是我犯的错误，就是所谓的一上来对整个战术执行的多元化或者摇摆不定，他们不是够专注地在某一点上进行突破。"

经营公司如此，经营个人的事业亦如此，因为对于个人而言，自己是自己的老板，工作经营的好坏，只能由自己买单。

长江因锁定向东而波澜壮阔；青松因锁定向上而伟岸挺拔；珠峰因锁定卓越而傲视群山；流星因锁定精彩而亮彻长空；圣贤因锁定目标而成功卓越！世界上夺目的工作太多太多，而专注者知道：生命有限，能力有限。每个人只有一双手，只有在众多的事业中锁定一件自己爱干的、该干的事，才能打造自己的完美人生。若不锁定目标，那么，每天清晨起来，我们将茫然四顾。若不能选准一件事，那么，我们每日的思考与行动将毫无意义可言。宇宙万物都是以中心为内核而运转的，人生也莫不如此。有中心，我们才有可能聚积四周的能量，才有可能吸引实现目标的人力、物力、财力。

很多的人不是没有梦想，而是梦想太多，只有一个梦想的人真可谓凤毛麟角。梦想多者，一生都在游离不定中摇摆，在举棋不定中反复，在浮光掠影中闪失。结果，时间如流水般流逝，机遇之神总是远离，将他们弃在路边，如同敝履。总之，没有锁定，人生就没有主题；没有锁定，人生就没有方向、没有目标；没有锁定，人生就是一盘散沙；没有锁定，人生就不可能像滚雪球一样越滚越大。最重要的是，没有锁定，你就会陷入与成功擦肩而过的危险。

锁定目标和注意力，才能终有所成

既然选择了一个目标，就不要让这个目标轻易地失去。对于那些浅尝辄止、见异思迁的朋友，非洲猎豹式的做法不失为一个榜样。

非洲猎豹追赶羚羊，像百米运动员那样，瞬时爆发，像箭一般地冲向羚羊群。它的眼睛盯着一只未成年的羚羊，一直向它追去。在追与逃的过程中，非洲豹超过了一头又一头站在旁边观望的羚羊，但它没有掉头改追这些更近的猎物，它一个劲地直朝着那头未成年的羚羊疯狂地追去。那只羚羊已经跑累了，非洲豹也累了，在累与累的较量中比的是最后的速度和坚持力。终于，非洲豹的前爪搭上了羚羊的屁股，羚羊绊倒了，豹牙直朝羚羊的脖颈咬了下去。

可以说，一切肉食动物在选择追击目标时，总是选那些未成年的，或老弱的，或落了单的猎物。在追击过程中，它为什么不改追其他显得更近的猎物呢？因为它已很累了，而别的猎物还不累呢。其他猎物一旦起跑，也有百米冲刺的爆发力，一瞬间就会把已经跑了百米的豹子甩在后边，拉开距离。如果丢下那只跑累了的猎物，改追一头不累的猎物，以自己之累去追不累，最后一定是一只也追不着。

仔细想来，很多人见异思迁，放弃自己一直经营多年的领域，而去追求新的陌生领域，这不是极其愚蠢的行为吗？动物世界的这种普遍现象，也许是一种代代相传的本能。但它启发人类仿效，在追逐目标的过程中，我们有必要借鉴这种智慧。

我国清代著名画家郑板桥的画独树一帜，诗也写得清新文雅，可是字写得软弱无力。于是他下决心练字，他天天练，月月练，几年后终于练就了一手好字，他的画、诗、字被人们誉为"三绝"。可见人们做事的时候需要有滴水石穿的精神，否则难以取得成功。

滴水石穿还在于落下的水滴是朝着一个方向，落在一个定点上。目标明确，精神专一，如果不如此，是不可能有穿石之功的。专注于某一件事情，哪怕它很小，努力做得更好，总会有不寻常的收获。

有时候，一个人自诩有多种技能，但由于蜻蜓点水，钻研不透，反而不如拥有一项专长的人受青睐。专注于某一件事情，尽力把它做到无可挑剔，你可能比技能虽多但无专长的人更容易获得成功。

课堂总结

雨果说过一句很精辟的话："一个人不能同时骑两匹马。"社会就像一条大船，我们都是航行者，理应风雨同舟，尽心尽力尽职，让航船乘风破浪。羡长江之无穷，叹蜉蝣之须臾。一个人的生命短暂，又要担负公务，又要处理家务，还有不少的事务，我们在浪费许多时间，只有锁定自己的目标和注意力，将所有精力聚焦到一点上，去挖掘生命的深度，才会有所建树。

用一生做好工作这件事

畅销书《一生做好一件事》中提出过一个理论：聚焦法则。也就是说，如果你选对了工作和人生的方向，就应该将自己所有资源放在自己的工作上。这个资源包括了你的时间、精力、天赋、人脉和以往的积累等等；然后锁定并专注于这份工作，全力以赴做好它。简而言之，就是用尽全力做好工作这一件事。坚持这样做，你不成功都难。

从透镜聚焦现象说起

有一次，一个青年苦恼地对昆虫学家法布尔说："我不知疲劳地把自己的全部精力都花在我爱好的事业上，结果却收效甚微。"

法布尔赞许说："看来你是一位献身科学的有志青年。"

青年说："是啊！我爱科学，可我也爱文学，对音乐和美术我也感兴趣。我把时间全都用上了。"

法布尔从口袋里掏出一块放大镜说："把你的精力集中到一个焦点上试试，就像这块凸透镜一样！"

关于凸透镜的聚焦现象，我国一千多年前晋代的张华著的《博物志》一书中说："削冰命圆，举以向日，以艾承其影，则得火。"这可以说是巧夺天工的发明创造。冰见到了热会融化，但是古人把它制成凸透镜，利用聚焦来取得火。这看起来是不可思议的，但是事实上是可能的。

关于聚焦现象，历史上还有着相关的一些传奇故事。

相传当年罗马帝国野心勃勃，要称霸欧洲，它派遣了一支船队去攻打西西里岛上的叙拉古城堡。这是阿基米德的故乡，正在国外讲学的阿基米德闻讯后怒不可遏，立即返回参加保卫祖国的战斗。

那天，骄阳高挂，阿基米德在城堡上瞭望海面，只见远处战船上刀光闪闪，罗马帝国的船队正在扬帆逼近。由于城堡内兵力很少，国王大惊失色。

阿基米德却神情自若地命令工匠们把数百面早已准备好的凸镜搬上城堡。国王不解地问："这些镜子有何用处？"

阿基米德诙谐地指指太阳说："太阳神将帮助我们打败侵略者。"他请国王命令士兵各执一镜，将镜面上的阳光一齐反射到罗马战船上。顷刻，在数百面凸镜会聚的强光照射下，一艘战船上的帆冒出缕缕青烟，海风一吹很快就燃烧起来。过一会儿其余船只也相继着火，风助火势，火借风威，烧成了一片火海。

罗马船队不战自乱，士兵纷纷跳海逃命，尚未着火的船只见势不妙，赶忙掉头逃窜，惊呼叙拉古城堡有天神保佑，不可战胜。其实战胜这些侵略者的不是天神，而是凸镜聚焦产生高温的科学原理。

同样，在中日甲午战争前夕，日本舰队常在东海游弋，向清朝北洋水师挑衅生事，有位清朝贡生肖开泰，在京师当教习，出于爱国热忱，挥笔上书慈禧太后，献了一个胜敌良策，还绘图一张，也是利用凸镜烧战舰，但未利用。甲午海战中国惨败，肖开泰愤然辞去官职，这位刚直不阿的贡生，为了证明他原先诉良策可行，别出心裁地用一个凸镜聚焦烤鸭子。尽管价钱比同行贵，但他的烧鸭既卫生，味道又好，连很远的顾客也特地赶来品尝，一时门庭若市，生意兴隆，传为佳话。

百余年以后的 1993 年 5 月，上海举办了首届东亚运动会，在开幕前前夕，上海电视台现场直播了采集圣火的实况："在灿烂的阳光下，一位圣女在东海石油钻井台上，手持一面凸透镜，面向太阳，天地合一，瞬间点燃了圣火……"这一场景使上海人民和所有的炎黄子孙激动不已。

阿基米德、肖开泰与圣女，战舰、烤鸭与圣火，不同的对象，不同的事件，运用的都是光的聚焦原理。

一生只选择一把交椅

太阳以每小时数亿千瓦的能量照耀地球，但借助一顶遮阳帽子，你就可以沐浴在阳光下数小时而不被晒伤。激光是一种弱能源，聚集一束激光只有几瓦，但是凭着这束光，你能在钻石上打洞或切除肿瘤。由此可见，即使激光的能源有限，如果能够将它们聚焦，同样可以产生巨大的能量。

对于一个人而言，如果他可以将自己所有的资源聚焦，那么他同样会创造生命的奇迹。这就是我们所要讲到的决定你是平庸还是卓越的聚焦法则。

巴菲特有一句名言："如果你没有持有一种股票10年的准备，那么连10分钟都不要持有。"很多时候，决定不做比决定要做更难，放弃比抓住更需要定力。巴菲特从11岁开始买第一只股票，现在70多岁了，还没有改行的迹象，看来，他这辈子都要成为个投资大师了。

人心浮躁，就是因为向往的太多，凡事都想抓住，却什么也抓不住。就像那掰苞谷的猴子，想抓到更多，结果连手上这个也没有抓好。古语说，十鸟在林，不如一鸟在手。世上看起来可做的事情很多，但真正能够抓住的却很少。广泛涉足，难免蜻蜓点水，把一件事做透，才是成功人生的捷径。人生的机遇，可能就只有那么一两次。因此，一生做好一件事，只要真正做好了，也就够了。

有人曾向意大利著名男高音歌唱家卢卡诺·帕瓦罗蒂请教成功的秘诀，帕瓦罗蒂每次都提到父亲的一句话："如果你想同时坐在两把椅子上，你可能会从椅子中间掉下去，生活要求你只能选一把椅子坐上去。"他在回顾自己走过的成功之路时说："当我还是一个孩子时，我的父亲，一个面包师，就开始教我学习唱歌。他鼓励我刻苦练习，练好基本功。当时，我兴趣广泛，有很多爱好和目标——想当老师，当科学家，还想当歌唱家。父亲告诉了我这句话。"

"经过反复考虑，我选择了唱歌。于是，经过 7 年的不懈学习，我终于第一次登台演出了。又用了 7 年，我才得以进入大都会歌剧院"而第三个 7 年结束时，我终于成了歌唱家。要问我成功的诀窍，那就是一句话：请你选定一把椅子。"

"选定一把椅子"，即专心致志干好一件事，多么形象而又切合实际的比喻。人之一生，十分短暂，不容我们有过多的选择。那些左顾右盼、渴望拥有一切的人，往往因为目标不专一，最终一无所获。

人的一生中，我们会面临诸多的选择，特别是在涉世之初或创业之始，选择尤为重要。一旦看准了方向，选定了目标，就要坚定不移地走下去。哪怕这条路崎岖不平，障碍重重，为众人所不齿，同行者寥寥无几，你都要"板凳坐得十年冷"，忍受孤独和寂寞，朝着一个主攻方向努力。尤其在诱人的岔路口，你必须不改初衷，有心无旁骛的坚定信仰和超然气度将它走完，一直走进美好的未来。

一生做好工作这件事，不成功都难

世上看起来可做的事情很多，但真正能够抓住的却很少。一生只做一件事，把一件事做透，才是成功人生的捷径。专注于某一件事情，哪怕它很小，努力做得更好，总会有不寻常的收获。

一生告诫自己"何为浮名绊此身"的李政道先生，成功缘于"激情燃烧"的袁隆平等人，一生甘坐冷板凳，在科学的山道上跋涉前行，锲而不舍。曹雪芹劳累终生，呕心沥血，十年辛苦不寻常，一本书写尽人生百态，参透世态炎凉；莱特兄弟为了让飞机能冲向云霄，一辈子都是光棍，他们很幽默地说："一生只能干好一件事。既要管牢飞机，又要照顾妻子，我们实在做不到。"

工作意味着什么？工作意味着你的事业，你的前途。你的工作，实际就是值得你一生去坚守的事情。因此，选择好一个最适合你的工作，然后将你一生的精力和资料聚焦于这份工作，用一生的热情坚持下去，你不成功都难。

课堂总结

任何行业都是博大精深的，够你花一辈子的精力去钻研和奋斗。任何一个大师级的人物，都只是自己那一个领域内的大师。你所选择的工作应该就是自己最擅长、最感兴趣的领域，如果你抱着用一生的时间去做好它，你不成功都难。

坚持100℃的热度

经常可以听到这样的抱怨和议论：工作单调乏味，提不起兴趣；工作环境不好，任务重，压力大；报酬太低，离家太远，没有发展前途；领导脾气不好、能力不足，同事关系难处；公司管理混乱，老板任人唯亲，打击报复；激情是心血来潮，"三分钟的热情"……如此的工作、上司、报酬，凭什么要我有激情？激情与我无关，是管理者的事。

工作上的不如意，让我们有太多的理由丧失激情，但没有热情，归根究底还是自己的事，因为最终葬送的还是自己的前程。松下幸之助认为：做事情，搞经营，最重要的是热情，而且是热情洋溢、踌躇满志，只要有热情，才能生智慧，出办法。所以，要想成功，外界的因素都不是我们丧失热情的借口，因为为热情找借口，就是为你的成功找借口。

把你内心的的激情拿出来

杰克·韦尔奇认为，看一个员工是否称职，是否喜爱他的工作，其实非常容易，只要看看他做事有没有激情就够了。没有激情的员工，总是表现出相同的特点：有无穷无尽的借口，注意力不集中，对自己和工作看起来显得信心不足，并伴有抱怨、敷衍、拖延等恶习。可以说，激情就如同生命。凭借激情，可以释放出潜在的巨大能量，培养自己坚毅勇敢的个性；凭借激情，枯燥乏味的工作也会变得生动有趣，让自己永远充满活力；凭借激情，可以感染上司和周围的同事，让他们理解你、支持你，拥有良好的人际关系；凭借激情，可以让自己出类拔萃，与众不同，获得珍贵的成长机会和发展空间。

每个人内心深处都有像火一样的热忱，却很少有人能将它释放出来，大部分人都习惯于将自己的热忱深深地埋藏在内心深处。因为缺乏热忱，不但工作做不好，甚至还因此付出惨痛的代价。

美国著名作家、世界十大推销员之一的弗兰克·贝特格，早年曾是一名很棒的职业棒球运动员。因为伤病退出职业棒球生涯之后，贝特格成了一名人寿保险推销员。起初的十个月是沉闷和令人沮丧的，以至于贝特格觉得自己根本就不适合当一名人寿推销员。

一次偶然的机会，贝特格参加了戴尔·卡耐基所主持的演讲。当轮到贝特格发言时，卡耐基打断了他，说道："等一等，等一等，贝特格先生，你的发言怎么毫无激情呢，你毫无生气的发言怎么能使大家感兴趣呢？拿出你的激情来！"接着，卡耐基先生以鼓动的口气讲解了"激情"一词，讲到激动处，他抄起一把椅子，狠狠地摔在地上，摔折了一条椅腿。

"拿出你的激情来！"戴尔·卡耐基的话犹如当头棒喝，让贝特格幡然醒悟，他意识到毁了他棒球生涯的东西也还会毁掉他的推销员生涯。他决定拿出当初的激情，投入到做推销员的工作中来。

接下来发生的事，让人叹为观止。在回忆录中，贝特格这样写道："我始终记得第二天我打的第一个电话。我下定了决心要在工作中充满激情，那真是一次速战速决的谈话。接电话的人大概从未遇到过如此热情工作的推销员。当我集聚起我的全部热情来说服他时，我倒真希望他能问我到底发生了什么，并打断我，然而他并没有这样做。"

"在后来的面谈中，我注意到他挺直了身子，睁大眼睛，想询问有关寿险的事。但他并没有打断我，最终也没有拒绝我的推销，买了一份保险。从那天之后，我开始真正地推销了。'激情'奇迹般在我的工作中发生了作用，就像在我的棒球生涯中一样。"

正是激情，让贝特格开始真正的打球和真正的推销；正是激情，让贝特格走出失败，获得了成功。让我们记住他的忠告吧："在12年的推销生涯中，我目睹了许多的推销员靠激情成倍地增加了收入，同样也目睹了更多的人由于缺少热情而一事无成。机遇和成功会眷顾那些每天都充满激情地投入工作的人。"

"拿出你的激情"体现的是一种积极进取的精神，一种乐观自信的态度，一种负责任的行动。它是激励，更是行动；是质问，更是号角，也是催促。

三分热度，难成大事

这是教授在大学生涯中的最后一堂课，教授把学生们带到了实验室说道："你们将开始新的人生了，这是我教给你们的最后一堂课，是最简单但又是最深奥的实验课，希望你们以后能永远记住它！"

学生们目不转睛地盯着教授，生怕看漏了什么。只见教授取出一个玻璃容器，倒了半杯清水进去，然后放进冰柜里。过了一会儿，容器端出来了，水被冻成了一块晶莹的冰块。

教授说："在0℃以下，流动的水变成了固态的冰，就不能流动了，就像南北极地的冰，它们呆在那里几万年了，动也不能动，它们的全部世界，就是脚下的那丁点大地方，我们实在替这种水感到惋惜和悲哀啊！"

"现在，我们来看水的第三种状态。"教授边说边把盛冰的容器放到了点燃的酒精炉上，过了一会儿，冰渐渐融化了，后来被烧沸了，咕咕嘟嘟地翻腾出一缕缕白色的水蒸气，飘散在空中……最后，容器里的水被烧干了。

教授关掉了酒精炉，望着大家问："谁能告诉我，这些水到哪儿去了呢？"

学生们面面相觑，摸不着头脑："这太简单了吧，这个小学生都会做的实验，学识渊博的教授却在这里再教给我们，不是有点幼稚可笑吗？"

教授微笑着对学生们说："水到哪儿去了呢？它们蒸发进空气中，流进辽阔无边的天空里去了。这个简单的实验，大家都会做，但是，它并不是一个简单的实验！"

教授看着这些迷惑不解的学生，亲切地说道："水有三种状态，人生也有三种状态；水的状态是由温度决定的，人生的状态是由自己的心灵的温度决定的：假如一个人对生活和人生的温度是0℃以下，那么这个人的生活状态就会是冰，他的整个人生世界也就不过他双脚站的地方那么大；假如一个人对生活和人生抱着平常的心态，那么他就是一掬常态下的水，随遇而安，他能奔流进大河、大海，但他很难离开大地；假如一个人对生活和人生是100℃的炽热，那么他就会成为水蒸气，成为云彩，他将飞起来，他不仅拥有大地，还能拥有天空，他的世界将和宇宙一样大。"

教授微微顿了一下，笑望着他的学生们："这堂最简单的实验课，就是让大家明白：人的潜能是无穷的，那我们要怎样激发自己的潜能呢？答案就是就要对人生、对生活的温度最少保持在100℃，直白一点，就是要全力以赴，以100℃的热情对待你们的工作和梦想！"

如同教授所言，你的未来是冰，是水，还是水蒸气，取决于你热情的程度。然而现实生活中，很多的人并不缺乏热情，而是缺乏保持这种热情的毅力。在工作中，经常能看见"三分钟热情"的现象，这种"三分钟热博"具有极大的破坏力，工作延误不说，对我们的损失和伤害也是很大的。

许多人认为激情只是一种短暂的情绪冲动，因时因地因事而异，不能维持一种长久而稳定的状态。有这种认识的人，他们只是看到了激情的一个方面。真正的激情，根植于我们坚定的自信，根植于我们内心对成功强劲的追求和期盼之中，是我们价值观和认识观的一种体现。

所以，就像教授做的实验一样，非得坚持100℃的热度不可。同理，每个想成就一番事业的人，对待工作也非得拿出高度的热情不可，而且要持之以恒，直到最后的成功。

随时为你的油箱加满油

不知道你想过没有，为什么你有时候会精神饱满、热情洋溢地工作，有时候又像是漏油的汽车，慢慢地失去了前进的动力，变得无精打采呢？这是因为我们每个人身上都有一只油箱，我们虽然看不见它，摸不着它，但它却实实在在地与我们随时随地相依相伴。当油箱加满油时，我们情绪高昂，意气风发，似乎一切都在掌握之中。当油箱里快没油时，我们便懈怠拖延，心灰意冷，似乎掉入了无助的深渊。

当我们听到赞扬，当我们获得倾听，当我们受到鼓励，当我们积极乐观时，我们的油箱在加油；当我们受到批评指责，当我们身心疲惫，当我们心情抑郁，当我们消极悲观时，我们的油箱在漏油。比尔·盖茨能够建立微软帝国，获得前无古人的商业成就，原因就是——他拥有一个永远满溢的油箱！而且，无论何时何地，即使分分秒秒，他的油箱都是满满的。

精神状态是如何影响工作的，这并不是任何人都清楚的。但是每一个人都知道，没有人愿意跟一个整天提不起精神的人打交道，没有哪一个老板愿意提拔一个精神不振、面容萎靡、经常喋喋不休地抱怨的员工。这一类人，不但自己的油箱是漏油的，而且还会导致跟他们接触的人的油箱也加快了耗油的速度。

那么，你是在不停地为自己加油，还是在不断地漏油呢？

生活在这样的时代中，我们要为了生存而战，为了赢而战，因此，我们就很有必要把我们的油箱加满油，为奔向目的地保持足够的动力和干劲。

那么，我们是否可以在每天询问自己的同时，也给我们身边的人来一句善意的提醒——"你的油箱有多满？"因为，当你为别人的油箱加油时，别人也会给你的油箱加油！

当看到下属对工作渐渐失去激情，精神不振，开始抱怨，经常找借口，总是在散播消极言论时，上司或老板是否可以提醒一下这位员工："你的油箱有多满？"然后给对方一句："一起加加油吧！"

当看到上司或老板愁容不展，压力重重时，作为下属员工的你，能否善意地提醒一句："你的油箱有多满？"并加上一句："一起加加油吧！"

当孩子垂头丧气、心情沉郁、自我封闭时，父母能否多关心支持一下孩子，多给一分爱意，问一问："你的油箱有多满？"并用足够的沟通和爱心为他们"加油"？

当看到对方的油箱开始漏油时，夫妻之间是否能经常提醒一下："你的油箱有多满？"并用更多的爱意去鼓励对方"加油"？

……

你可以给身边的每个人加油。然而，回到我们自身，在我们漫长的人生旅途中，老板、父母、兄弟姐妹、朋友固然可以为你加油，但是真正能够给你提供内动力的，还是你自己！要知道，外因只是变化的条件，内因才是变化的根本。我们一生中最应该问自己的一句话就是："你的油箱有多满？!"每天为我们的油箱加满油吧，以饱满的精神与热情去迎接新的工作的挑战，以最佳的精神状态去发挥自己的才能，去充分发掘自己的潜力。

课堂总结

热情可以说是一切成功的基础。一个人如果对人生、对工作、对事情、对朋友、对事业没有热情，那他一定不会有大的作为。正如爱迪生所言：热情是能量，没有热情，任何伟大的事情都不能完成。我们对待工作的热情也应该如此，应该时刻保持它的热度，才能取得工作上的成功。

滴水能穿石：坚持创造奇迹

有人说，成功等于90%的汗水+10%的智慧。这些都是影响成功的主要因素，但是如果不懂得持之以恒和坚持，这一切都只是空想。在中国人的记忆里，"水滴石穿"、"铁杵磨成针"已经是"刻骨铭心"的道理。

纵观古今中外历史，持之以恒做好一件事的故事数不胜数。可是绝大多数的人有着浮躁的心态，恨不得在一夜之间完成需要很长时间才能完成的事情。医治这种不良心态的最好办法就是修炼自己的"决心"和"恒心"，做任何事情都脚踏实地，循序渐进。特别是在自己处于困境的时候，更要咬紧牙，坚持到底。

坚持，才有成功的可能

种过西瓜的人，都明白"胎瓜效应"：一棵西瓜秧结几个瓜，第一个瓜叫胎瓜。这个胎瓜可能是苦的，但是后面一个比一个甜。没有这第一个苦的瓜，就不会有后面几个甜的瓜了。成功也是如此，只有尝试了失败与挫折之苦，才会有可能享受到后来甜蜜的果实。

失败、挫折是不可避免的，但都是可以战胜的。不管做什么事，只要不放弃，就会一直拥有成功的希望。如果你有99%想要成功的欲望，却有1%想要放弃的念头，那么是没有办法成功的。

世上没有失败，只有放弃，放弃了就没有了任何的机会，放弃了就真正跌入了万劫不复的深渊。相反，对于那些成功者而言，他们成功的秘诀却是绝不放弃，不管遇到什么困难与挫折，他们都会坚持自己的信念，直到成功。

司马迁、李时珍正因为有二十载的坚持和执著，才有流芳百世的

《史记》《本草纲目》；达·芬奇之所以成为世界闻名的画家，起始于画蛋的执著；爱迪生正是经过了99%次的失败之后，才实现了1010次的成功。可我们也看到了许多因朝三暮四、轻易放弃的例子，放弃就等于失败，学习不能三分钟热度，一定要持之以恒。

再坚持一下，就是天堂

成功，往往就在于失败之后再坚持一下。

人们经常在做了90%的工作后，放弃了最后让他们成功的10%。这不但输掉了开始的投资，更丧失了经由最后的努力而发现宝藏的喜悦。

1956年哈默购买了西方石油公司。当时油源竞争激烈，美国的产油区被大的石油公司瓜分殆尽，哈默一时无从插手。1960年他花费了1000万美元却毫无所获。这时一位年轻的地质学家提出，旧金山以东一片被德士古石油公司放弃的地区可能蕴藏着丰富的天然气，并建议哈默公司把它买下来。哈默重新筹措资金在被别人废弃的地方开始钻探，当钻到262米深时，终于钻出加州第二大天然气田，价值2亿美元。

为什么要多坚持一刻？因为成功往往就在于最后几步。

有这样一个故事：一个很穷的聪明人去给一个很愚蠢的富人打工。富人问这个聪明人每个月多少工钱，聪明人说第一天只要1分钱，第二天2分钱，第三天4分钱，第四天8分钱，依此类推，一个月结一次账。

富人一听高兴坏了：这家伙真是一个笨蛋，一个月才要这么一点点钱，于是马上就答应了。

事实上，这位愚蠢的富人无法给那个聪明人如此多的钱，如果这个月28天，就是130万元；如果这个月是31天，就是1040万元。

这无疑是一个天文数字。

通过计算，你会发现，前面的钱加起来并不算太多，但到了最后三天居然能够产出如此多的钱。也就是说，当一个事物到了成倍增长的时候，越是到最后，其威力越是令人瞠目结舌。

很多本来可以成功的人都是因为坚持不到最后就退却了，以至于前功尽弃。这种教训是很深刻的，值得每一个人去认真品味。

许多大事之成，不在于力量的大小，而在于坚持时间的长短。正如贝多芬所言："涓滴之水终可磨损大石，不是由于它力量最强大，而是由于昼夜不舍的滴坠。"蜗牛爬得多慢，但它永不停歇，也能爬到目的地；蚂蚁的力气多小，但它一点一点地挪动，也能把比它体重大得多的食物搬回家。

因此，做什么事情，只要选准了方向，切不可半途而废，要有坚持到底的毅力。

用一生的时间去坚持

有个叫布罗迪的英国教师在整理阁楼上的旧物时，发现了一叠练习册，它们是皮特金幼儿园 B（2）班 31 位孩子的春季作文，题目是《未来我是——》，这些作文已经堆在这里 50 年了。

布罗迪随便翻了几本，很快被孩子们千奇百怪的自我设计迷住了，比如：有个叫彼得的小家伙说，未来的他是海军大臣，因为有一次他在海中游泳，喝了 3 升海水都没被淹死；还有一个说，自己将来必定是法国的总统，因为他能背出 25 个法国城市的名字，而同班的其他学员最多只能背出 7 个；最让人称奇的是一个叫戴维的小盲童，他认为将来他必定是英国的一个内阁大臣，因为英国还没有一个盲人进入过内阁。

布罗迪读着这些作文，突然有一种冲动——何不把这些本子重新发到学员们手中，让他们看看现在的自己是否实现了 50 年前的梦想。

当地一家报纸得知他这一想法后，为他发了一则启事。没几天，布罗迪便收到了很多来信，他们中间有商人、学者以及政府官员，更多的是没有身份的人，他们都表示很想知道儿时的梦想，并且很想得到那本作文本。布罗迪按地址一一给他们寄去了。

一年后，布罗迪身边仅剩下一本作文本没人索要，是那个叫戴维的小盲童的。布罗迪想，戴维可能死了，毕竟50年了，50年里什么事情都可能发生。

就在布罗迪准备把这个本子送给一家私人收藏馆时，他收到了内阁教育大臣布伦克特的一封信。内阁大臣在信中说："那个叫戴维的就是我，感谢您还为我们保存着儿时的梦想。不过，我已经不需要那个本子了，因为从那时起，我的梦想就一直在我的脑子里，没有一天放弃过。50年过去了，可以说我已经实现了那个梦想。今天，我还想通过这封信告诉我其他的30位学员，只要不让年轻时的梦想随岁月飘逝，成功总有一天会出现在你的面前。"

布伦克特的这封信后来被发表在《太阳报》上，他作为英国第一位盲人大臣，用自己的行动证明了一个真理：假如谁能把儿时想当总统的愿望留存心中，并执著地努力奋斗50年，那么他现在一定已经是总统了。

对一般人而言，失败很难使他们坚持下去，但在戴维那里却是个例外，虽然他的一生中难免会遇到各种各样的失败，但是他从不轻言放弃。成功者和失败者最大的区别就在于此。想要成功，你得先问问自己，你有用一生的时间去坚持梦想的勇气和毅力吗？

课堂总结

荀子说："锲而舍之，朽木不折，锲而不舍，金石可镂。"任何事贵在坚持。坚持，滴水可穿石；放弃，朽木都难以折断。生命的奇迹注注在放弃与坚持的一念之间，而这一念之间，却决定着你是平庸者，还是卓越者。